神秘的日本UFO事件

目擊者的證言

目錄

第三章　日本早期 UFO 目擊・疑似外星人接觸個案

第四章　當代神秘個案

推薦序 1

香港背景底下的傑作

我喜歡逛書店，不只是香港的書店，也喜歡外國的書店，特別是關於神秘學的書籍。可是，很遺憾，除了在多倫多一間專賣神秘學書籍的書店外，絕大部份書店都缺乏關於不明飛行物體和外星文明的專櫃，而且都是跟不上現時最新發展。也很奇怪，即使是英國著名的Watkins書店（神秘學專門店），連本國最著名的蘭道申森林飛碟事件的專書也付諸闕如。

還有一個相當嚴重的問題：英文書籍方面，亞洲區的不明飛行物體資料差不多是交白卷。如果只要懂得閱讀日文資料，就知道日本在記錄不明飛行物體資料方面是相當詳細的。雖然不明飛行物體研究曾幾何時也被認爲是「怪力亂神」，但以日本人博物學館精神和態度來處理這個題目，卻又令人多一點信心。

我認識Laurence是一個頗爲奇妙的過程。在網台節目方面，我設計過關於美酒、美食的節目。大概是年多前，Laurence主動接觸我，希望在《今朝有酒》節目中介紹他代理的日本清酒。我起初以爲，大家的話題局限於日本清酒（當然，我對日本清酒很有興趣，而Laurence也教曉我很多這方面的知識）。誰知道經開幾次談話之後，發覺雙方有共同興趣的話題實在太多了，例如：日本社會現象、情色文化、術數、超自然現象……。當然，Laurence和我一樣，也是喜歡逛書店的。和我不一樣的，他逛的是日本書店。

正如我在上面指出，日本人在記載不明飛行物體和其他超自然現象是十分詳盡，到了近代，更有嘗試嚴謹驗證的過程。除了汗牛充棟的書籍，還有歷史悠久的月刊Mu。如果讀者只倚賴中文，以至英文資料，而忽略日文紀錄，那實在太浪費了。

在香港，日文高手不少，但花時間去介紹日本UFO資料的卻是鳳毛麟角。更加重要的是，Laurence擁有的不是資料，而是難得日本神秘文化有第一手經驗，例如：報讀日本忍者課程，所以當在出版商接觸Laurence，希望他撰寫這方面題材的書籍時，我覺得是「機不可失」，不是因「爲出書而出書」，而是邁出了前所未有的一步。

近二十年的網台生涯、長時間擔任《神秘之夜》主持令我發覺，香港有一個其他地方缺乏的優勢：東西文化的長期交流與衝擊。Laurence的新書正是這個背景底下形成的杰作。因此，我全力向讀者推薦它。

梁錦祥

二零二三年六月四日

推薦序2

醉讀日本神秘調查科

在初次認識Laurence時，無需表白就知道大家都是昭和時期的哈日粉絲友，而且他的親日程度鐵粉過我，愛日本愛到以傳銷日本食材及清酒作爲事業，他與台長梁錦祥拍檔的《清酒神秘學》節目，將清酒文化加神秘學共儕一堂，二人以醉眼來推廣神秘學。

不知何解，在我的記憶思維框架中，早已將他用頭文字L作爲辨識記錄。是次出版，看出他的神秘學研究方向，表達形式也好有《死亡筆記》的調查特色。

頭文字L這本書的書寫方式是筆記體形式，亦借用佛家《如是我聞》以及紀曉嵐的《閱微草堂筆記》的實記方式書寫而成，讀來簡短精湛；內容有不少都是日本神秘事例的典範事例，選取的綱目都是日本神秘學事件的通識素材，除了可給中文讀者增廣見聞，具備閱讀消閒之外，亦是我們喜歡神秘學來吹水的香港人的實用素材。

關於神秘學，除了慣性用中文和英文作爲情報搜集之外，日文亦是我們這世代的基本資訊來源。日本出版界對情報的嚴格處理，早已是亞洲第一，而且印刷精緻，有不少印刷物，資料與美觀俱備，令人看時愛不釋手。

在我們一班由昭和時期已喜歡搜集日本玄幻事例的愛發夢少年團，當中日本關於神秘學的專門雜誌，尤其在八十年代初已出版的《MU》雜誌「名字取自大平洋傳聞陸沉於海底的「姆大陸」」，以及《TWILIGHT ZONE》月刊［名字取自美國六十年代經典電視劇，港譯《迷離境界》］，我們都是由第一期在香港已經開始訂閱，《TWILIGHT ZONE》很快就捱不住停刊了，而《MU》雜誌至今依然屹立不倒。我們一班友好都是在最近疫情期間，因爲日本圖書公司智源書局也要榮休之時，才決定改爲題材適合才去購買收藏。

L這本書選取的題目滿載是我們昭和時代族群的記憶，但是講眞，昭和資料對平成及令和世代仍然未過保用期，甚至是有領頭作用。尤其是L令我想起他應該可以比作日本經典動畫《天氣之子》其中一個重要角色，卽是男主角森嶋帆高去到東京之後投靠的文字工作者須賀圭介［由小栗旬配音］，都是以書寫都市傳聞刊登在《MU》雜誌藉以來謀生，香港版就由頭文字L你來配音，好唔好呢？

除了神秘學資料滿載之外，這本書還有一個與別不同的書寫特色，就是在描述案件時，有不少是利用日文和中文作爲二文對照，反映出L對中日文字訊息差異的專注。例如谷村新司的《昴》，L就用日文的原意直譯而不用鄭國江先生的改編版本，令讀者可以直入原作的歌詞原意，同時我們也可以拿鄭國江先生有音韻修飾的粵語歌版本，來增加閱讀對比。同時L的文字表達，有我筆書寫心的清晰直接感覺，而且L以日本清酒爲事業，也是一個愛酒之人，看他的文章時候也嗅到有一陣酒香撲鼻。

對於滴酒不沾的我，也打算未來閱讀正式版本時，要拿樽清酒來邊喝邊讀呢。

紀陶

第一章

探索日本奇異現象

酒藏裏的河童木乃伊

河童——日本民間傳說中的生物。傳說牠們棲息在河川湖泊，有着古怪的外觀，有猴子的身軀，青蛙的四肢，背上有龜殼，如鳥的啄，頭頂中間凹陷如頂着碟子般。有說如果其頭頂碟子的水流盡，便力氣全失。

在日本多個地方廣泛流傳着河童傳說，甚至有些地方聲稱收藏了河童木乃伊，但從沒有公開人前。

唯獨一間位於佐賀縣的松浦一酒造，聲言家族世代相傳了一件寶物——河童木乃伊，供奉在酒造裏，前往探訪的人也有機會一探究竟。

筆者不僅是 UFO 愛好者，更喜歡怪異神秘之物，有機會能夠一睹河童木乃伊的眞面目，自然不能錯過。

今年二〇二三年初，筆者啟程前往位於佐賀縣伊萬里市的松浦一酒造。由於位置偏遠，筆者打從早上九時由福岡出發，輾轉乘了三趟電車，接近下午三時才抵達。

松浦一酒造收藏的海童木乃伊

那裏人煙稀少，從電車站步出，除了剛才一同下車的兩名乘客外，走了十多分鐘，也碰不見有人。走過的商店街，十室九空，從那些舖面上老舊的九十年代海報可見，這裏空置已久。

幸好松浦一酒造並不難找，走了約十五分鐘便抵達。酒藏是一幢兩層高建築物，裝修古舊，甫進入口處，已見到很多河童擺設，還有一些古時的釀酒工具。中庭是廣濶的清酒陳列室，穿過中庭，盡頭處有一座祭壇，上面供奉的似是此行的目標。

筆者觀看良久，才有店員注意到我這位觀光客。大家互道午安，我便說明來意，並得到酒造女負責人允許，可進行簡單的拍攝。

果然祭壇供奉的正是河童木乃伊。河童木乃伊身長接迎兩呎，全身呈灰白色，被放在一個玻璃箱內。牠的頭部細小，頭頂中間凹陷，有圓大的眼窩，顯眼而圓小的鼻孔，似在張着咀。其身軀骨架明顯而突出，有着動物身軀的比例及四肢，能夠看見的左邊前肢有五隻手指，後肢有三隻腳趾。

如果硬要說出個人觀感，感覺河童木乃伊的外貌像小鳥，身軀更像小狗多一點。

河童木乃伊供奉在祭壇上

祭壇的三呎外圍有圍欄，而祭壇上放了很多食物，除了相傳河童喜歡吃的青瓜外，還有飲品和糖果等。最右邊放了一個似已經歷年月的木盒。

酒造的女負責人知道我遠從香港過來，連番道謝後，便娓娓道出這件家族珍寶的由來。

松浦酒造始創於一七一六年，由祖先創立至今已三〇八年，是一間歷史非常悠久的酒藏。她也不確定由哪時起，家族流傳着「我們酒藏有一件非常罕有的寶物，祂會從上而下地守護著酒藏。」

直至七十年前，當時爲負責人的父親因爲着手修葺酒藏，在檢查橫樑時，發現那裏放了一個木盒，木盒上有一條封條，上面寫有「河伯」二字。

父親覺得不可思議，小心翼翼地打開木盒來看，嚇然發現內藏一具不知名的動物乾屍。在身後圍觀的員工們也嚇了一跳，議論紛紛着「那是什麼?」、「什麼是河伯?」父親於是四出向有識之士求教。

經過一輪調查，終於知道「河伯」在中文語言中解作「河神」，在日本又有「河童」的意思。他們看見那木乃伊的頭頂明顯凹陷，手指和腳趾如青蛙般長有蹼，相信那具木乃伊就是河童。

父親深信這是河神，會一直庇祐酒藏獲得優質的水源，並守護衆人。自那時起，便如現在般供奉着。

出於好奇，我問及負責人有否就河童木乃伊進行科學鑒證？她回道，曾經有大學教授和研究河童的學者來找父親，而父親也想過交出來進行分析。惟當想到「河伯」是神的名字，在他心中有如神明的地位，而且庇祐了酒藏那麼多年，最終還是拒絕了，沒有實行。

直至目前爲止，松浦一酒造仍然把河童木乃伊奉爲河神，視爲珍寶，深信着「祂」會繼續保祐着這間三百年酒藏。

龍池山松尾觀音寺

我去過的有趣的寺廟神社——三重縣伊勢松尾觀音寺

筆者在二〇一八年尾到三重縣旅遊時，在當地朋友帶路下，參觀了一間具有千年歷史的觀音廟，傳說龍神一直鎮守着這座廟。廟裏有一個比較特別的習俗：每一個參觀者離開前，都要把身上一樣不要的東西，掉到地上，頭也不回的離開，就能去除厄運。

位於三重縣的龍池山松尾觀音寺，一直流傳着龍神的傳說。在一千三百年前，時值奈良時代。當時有一位高僧「行基」前往伊勢神宮參拜時，得知有一雄一雌的龍神住在松尾山中的池裡面，他於是命人在池塘旁邊興建了一座祭祀的廟宇，在內刻了一座觀音像，好讓兩條龍神可以守護觀音和該地。後來伊勢國國司北畠氏把觀音寺作爲祈願的寺廟，一直守護三重縣至今。

大約六百年前(応永十年五月)龍池山松尾觀音寺發生火災，守護着觀音的兩條神龍就在此時現身，雄性的那條龍把火焰吞噬，並用身體纏繞着觀音像。另外一邊雌性那條龍則用池塘的水把火救熄，於是兩條龍神守護了觀音像的傳說便流傳開了。自此以後，人們便認爲被龍神守護着的觀音寺具有消災解難的神奇力量。

龍池山松尾觀音寺「龍神顯靈」

在二百年前（文正二年）寺廟的本堂重新修葺，用櫸木重新興建。時至近年，約於二〇〇六年，本堂的木地板突然冒出了龍的模樣。有說很多摸過木地板龍神的信衆都可如願以償，之後一傳十十傳百，很多人都相信木地板上的龍是龍神顯靈。

自古以來，這座歷史悠久的寺廟一直被視爲消災解厄的寺廟。信衆在祈願後，只要在離開寺廟本堂前，把身上的一件物件丟在沙石上，寓意爲丟去災厄，心裡想着厄運將會離我而去，此時不要回頭，直接離開觀音寺便可。大多數的人都會丟下白色手帕，當信衆丟下物件以後工作人員便會迅速檢走，由物件掉到地上至工作人員檢起，全程不過十秒鐘，極之有效率。參觀當日，筆者因爲事前不知道有關習俗，沒有手帕在身，只好以紙巾代替，感到不好意思，同行的日本友人安慰道「沒關係的」。不過自疫情後，這個習俗因衛生理由被取消了。

進入觀音寺前，要先在龍頭手水舍洗手，脫下鞋子進入本堂。本堂內有標記顯示木地板上出現龍神模樣的地方。手水舍淨手方法：以右手拿起勺子舀水，先洗左手，再以左手拿勺，洗右手。然後以右手持勺，將水倒入左手掌心中，用來漱口；最後將勺子立起（勺口朝內），以剩餘的清水由上至下流下，清洗勺柄。

日本也有佐治亞引導石

日本也有佐治亞引導石

美國曾經有一座「佐治亞引導石」(The Georgia Guidestones)，相信喜歡神秘學的朋友必定聽過。然而這一組巨型花崗岩石碑群在二〇二二年七月六日遭不明人士炸毀，當地政府亦旋即拆除餘石。當大家以爲這座神秘的石碑群會從此在這世上消失時，原來在日本也有一座小型的「佐治亞引導石」。

原有的「佐治亞引導石」於一九七九豎立在美國喬治亞州艾伯特縣以北的一座小山崗，高五・五米，連同埋在土下的底座，共達六・一米。引導石由六塊花崗岩組成，總重量約一百一十噸。

石碑群的頂部是正方形石塊，其四邊分別註有古巴比倫文、古希臘文、梵文及古埃及文。豎立的四塊長方形石板，刻有十條指引，分別以八種現代語言包括英文、中文、西班牙文、斯瓦希里文、印地文、希伯來文、阿拉伯文及俄文寫成。以碑文的第一句「將人口控制在五億以內」較廣爲人知。

位於日本香川県高松市牟禮町的這座小型版「佐治亞引導石」，高度僅高過一個成年人，旁邊刻有石碑註明：喬治亞州艾伯特縣與牟禮町於一九八三年十一月二十一日結爲姐妹城市，特別送贈此組石群作禮物。

這座小型版「佐治亞引導石」由外形、石群排列、碑文刻有八種語言，跟原版如出一轍，唯獨就是沒有日本語。石碑上同樣刻有十條指引，原文是沒有標點符號的，內容如下：

保持人類五億以下與大自然．永恆共存
明智地引導生育增進健康與變化
以一種活的新語言來團結人類
用沈著的理性來控制熱情．信仰．傳統．及萬物

用公正的法律及法庭來保障人民與國家
讓所有的國家自治在世界法庭中解決外界的糾紛
廢止瑣屑的法律及無用的官員
讓私人的權力與對社會的義務保持平衡

珍視眞．美．愛．尋求與宇宙和諧
不要做地球上的毒瘤
給大自然留點餘地
給大自然留點餘地

原有的「佐治亞引導石」觸發了一場陰謀論，有說碑文提倡優生學及種族滅絕，又有說是反基督的十誡，是崇拜魔鬼。於二〇〇八年引導石曾遭塗污，於二〇二二年七月六日遭人炸毀後，旋即被當地政府拆除。現在餘下在日本的小型引導石。

究竟當年是誰以艾伯特縣名義送給牟禮町，為什麼這兩個城市會結為姐妹城市呢？

從背景上，這兩個城市都出產花崗岩，以石為基幹產業；兩個城市的風土氣候都頗為相似。只有這些基本情報推敲，但仍不足以解釋贈送引導石的原因。難免令人疑惑引導石的指引有沒有殖根在這個城市裏呢？

日本競馬世紀末霸王「好歌劇」奇蹟的一生

筆者在二十一世紀初到日本留學，一次參加的學校課外活動，是由老師率領我們一眾同學，到當時日本最先進的「府中競馬場」，見識全日本一年一度最高獎金的一級大賽——日本盃，得以親眼目睹有「世紀末霸王」之稱的傳奇馬王「好歌劇」。馬王一步出草地，現場奏起軍樂，所有馬迷有節奏地拍動手上場刊歡迎，那種激盪澎湃，至今難忘。

要說這個故事，是因爲好歌劇這匹馬王與其專屬騎師的深厚情誼故事。馬王離世時，天空出現一道彩虹，似是在迎接牠。

好歌劇（日語：テイエムオペラオー，英語：T.M. Opera O）的競賽生涯中，獲得的獎金超過十八億日圓（以當時兌換價計約一點一億港元），成爲日本競馬史上獲得最多獎金的名駒，直至二〇一七年才被打破。好歌劇在二〇〇〇年達到高峰，那年跑過的五場一級賽和3場二級賽，八戰全勝，而五場全勝的一級賽事跑遍了中山、阪神、京都和東京競馬場，一匹馬能不受場地限制，無論什麼境況都能勝出，只有是馬王中的馬王。

不過，好歌劇在一九九八年出道時一直不被看好。牠只是一匹平價馬，而且訓練牠的練馬師也沒有贏過一級賽，再加上當時的主戰騎師和田龍二只是一位十九歲缺乏臨場經驗的新手，所以好歌劇初出道時並沒有給任何馬迷特別好印象。

經過一番磨練，好歌劇終於嶄露頭角，並勝出三冠賽事頭關「皐月賞」。正當一眾有關人士和馬迷逐漸對好歌劇有所期待之際，好歌劇總是與勝利擦身而過。馬主竹園正繼甚至對練馬師岩元市三施加壓力，認爲屢次落敗是騎師和田龍二的問題，要更換騎師。身爲竹園舊同學的岩元市三斬釘截鐵地拒絕，並說「如果要更換騎師的話，麻煩你把馬匹轉去另外一個馬房。」

得到師傅岩元市三的包容和絕對的支持，和田龍二大爲感動，爲報答師傅，便向馬主承諾「來年的賽事一場也不會落敗」。和田龍二到馬房跟好歌劇約定「我們明年一場也不可以落敗」，好歌劇就似是懂得人性般不斷點頭示意。馬主最後也備受感動，決定將馬匹的主戰權繼續交給和田策騎。

踏入二〇〇〇年，好歌劇夥拍和田龍二，就像脫胎換骨一樣，從二月的京都記念賽開始，到年末的有馬記念均獲八戰全勝（其中

馬王中的馬王好歌劇，與好拍檔和田龍二。
（圖片來源：https://www.sponichi.co.jp/gamble/news/2018/05/20/gazo/20180520s00004000190000p.html）

五場爲中長途主要一級賽），兌現了許下的承諾。不止如此，這項創舉至今仍然未有馬匹能夠打破！因此好歌劇被傳媒稱爲「世紀末之霸王」。

直至二〇〇一年尾，好歌劇退役，和田龍二接受訪問時道：「好歌劇爲我帶來很多得着，但是我什麼都沒有送給牠，希望我將來可以成爲一位一流的騎師，讓好歌劇可以承認我的實力。」

自從好歌劇退役之後，和田龍二非常努力鍛鍊其騎功，卻總是與大賽無緣，無法再增添頭馬，所以和田龍二向自己立誓，如果贏不了一級賽，便不會再去牧場見好歌劇。

光陰似箭，十七個年頭過去了，和田龍二仍未能信守承諾。二〇一八年五月十八日，那天下着毛毛細雨，好歌劇在中午前如常和其他馬匹放牧完畢，準備返回馬房時，突然倒下，牧場的管理員急召獸醫到場，但當獸醫趕抵時，好歌劇已經過世。

管理員撫摸着身體還暖的好歌劇，再抬頭望向天，天空當刻出現了一道很大的彩虹。管理員接受訪問時曾指，自己在牧場工作的三十年間，經歷很多不同的生離死別，但是在馬匹過世時，

就是這天的學校活動，筆者(右)有幸親睹好歌劇的風彩。老師的兒子(左)也有同行。

天邊卽時出現彩虹倒是第一次。

和田龍二接到好歌劇離世的消息後，非常之難過，認爲不能在好歌劇有生之年，讓牠看見自己贏得一級賽，是最大的遺憾。

同年六月，好歌劇死後的一個月。和田龍二策騎冷門馬「覓奇火箭」出戰寶塚記念一級賽。這次，和田龍二改變策略，在最後轉彎時發力走甩，力拒香港馬王「明月千里」的猛烈追趕，最終再贏一級賽。

過終點後的和田熱淚滿盈，不斷以手拭淚。和田龍二在接受訪問時說：「最後一段直路是好歌劇在背後推著我們。好歌劇哦，我終於做到了。」說完，淚水再奪眶而出。

在這裡補充一下，和田龍二贏完那場一級賽後，至二〇二三年六月五日爲止，仍未再添一級賽頭馬進帳。至於當時策騎的覓奇火箭之後亦沒有什麼表現，已黯然退役。

每個人的命運都不一樣，有些人的機遇和感悟不是來自人，而是來自動物。傳說寵物過身後會走過彩虹橋前往天堂，牠們會在那裏繼續守護着在地球的親人和朋友。好歌劇的老拍檔，亦深信好歌劇在保祐着他。

幸好二〇〇一年這一天，在好歌劇退役前，學校舉辦了課外活動；幸好老師要我們提議要進行什麼活動；幸好我舉了手大膽地提議到「府中競馬場」，幸好老師接納了。這樣造就了一個窮學生親睹這匹馬王的機會。

石川縣羽咋市「宇宙博物館コスモアイル羽咋」

日本 UFO 景點

在日本全國不同地點都有 UFO 目擊個案，其中目擊 UFO 個案最多的地點之一，包括石川縣羽咋市和福島縣飯野町，均設立了 UFO 博物館。而位於四國高知縣的登山路線「町道瓶ヶ森線」，因爲過去有不少登山者在山上目擊 UFO，因此又名「UFO Line」。對於一衆 UFO 愛好者，到四國旅行時，大可不妨加入這條路線。

一、石川縣羽咋市「宇宙博物館コスモアイル羽咋」

到底是否因爲羽咋市經傳出有 UFO 出現的傳聞，而選址在此建立科學館就不得而知。博物館外型十足一隻飛碟，館內收藏了許多完成任務的火箭、人造衛星、有關外星人各種傳說和研究，場內更有多種太空食物和有關外星人的紀念品等等發售。

コスモアイル羽咋

地址：石川縣羽咋市鶴多町免田 25

網址：http://www.hakui.ne.jp/ufo/

二、福島縣飯野 UFO ふれあい館

位於福島縣中通的北部，這裏又被稱爲 UFO 之里，意思是經常出現 UFO 目擊個案之地。在飯野町地區的北面，有一地方名叫「千貫森」，那裡不時都有目擊不明發光飛行物體的個案，是一個充滿神秘的地方。館內分爲宇宙和外星人兩部份，除了豐富的宇宙基礎知識和說明圖片以外，亦收藏了許多有關 UFO 和神秘事件的資料。

UFOふれあい館

地址：福島県福島市飯野町青木字小手神森1－299

網址：http://ufonosato.com

三、高知縣「町道瓶ヶ森線」UFO Line

UFO Line 正式名稱是「町道瓶森線」，前稱「雄風線」。因爲有很多登山者，曾在登山途中遇到 UFO，拍下許多照片，而稱爲 UFO Line。對上一次拍到 UFO，已是在一九九〇年，有行山者拍到 W 型狀的 UFO。

UFO Line 由高知縣的吾川縣いの町桑瀨，橫跨至愛媛縣上浮穴郡久萬高原町若山，全長二十七公里，沿石鎚山海拔一千三百米至一千七百米的山脊而行，可欣賞山上迷人景致，是熱門的駕車遊、電單車、騎單車或陡步登山的路線。

如果想有機會遇上 UFO，又想輕鬆完成，當地觀光協會就推薦了最容易行的伊吹山段，由最近的登山口，行到山頂只需十分鐘左右，可以清楚眺望西日本最高峰之石鎚山、高知縣最高山峰的手箱山和瀨戶內海三百六十度全景。

要注意的是，UFO Line 的登山公路開放的日子爲每年的五月至十月，而十一月至四月因爲積雪而關閉。附近亦設有旅館，可提供住宿，以下連結有旅館資料。有興趣到 UFO Line 的朋友，可以預早規劃一下。

高知縣吾川郡いの町寺川

網址：https://www.inofan.jp/spot/recommended/n474/

註：十二－四月，積雪關閉

第二章

名人事件簿

木村秋則和其種植的蘋果

木村秋則和奇蹟的蘋果

日本青森縣的一位農夫憑着無比的意志和鋼鐵般的堅毅，一直堅持不用任何農藥和有機肥料種植蘋果，花了十一年時間，歷盡艱辛，終於成功培育出甜美可口而不會腐爛的蘋果。在日本大家都稱這個蘋果爲「奇蹟的蘋果」，而這位農夫名叫木村秋則，憑着自己無比的決心而聞名世界。

已經七十四歲的木村秋則於一九四九年出生在青森縣巖木町一個普通的果農家，那時他仍叫三上秋則，後來跟木村家的美榮子小姐結婚，入贅了，才改姓木村。木村年青時不想當果農，婚後繼承了木村家的果園，才開始了農耕生活，由種植玉米開始，到最後種起蘋果來。

一開始，木村也是依賴現代農業的種植方法用農藥化肥，可是每用一次農藥，妻子便出現過敏情況，甚至會嘔吐、皮膚潰爛、高燒、昏迷等，這令他開始思索解決方法。直至他偶然看到日本農業專家所寫的《自然農法》這本書。

然而，這個「偶然看到」是有點迂迴的。一天，木村到書店找工具書，因爲個子矮小，用了木棒撥下那置在櫃頂層的書，卻意外地掉落了兩本。因爲當日是下雨天，掉落的書弄髒了，只好一併買下。木村隨意翻過那本「因爲不小心而買下的書」，不感興趣，便放到一旁。一年後，他偶然間找到了那本塵封的書，才發現是《自然農法》，便愛不釋手，開展了完全不用農藥栽培蘋果的艱苦之旅。

一九七八年開始，木村在那片八千八百平方米的果園，完全不施任何農藥及肥料，改以噴灑稀釋的醋、牛奶、大蒜等，逐樣嘗試。可是在頭幾年沒有任何進展，果園一片凋零，還惹來大量害蟲，致鄰家農舍不滿。

沒有蘋果，賣不到錢。家中連續好幾年沒有收入，窮得要典當過活，木村靠兼職低下活養家。他遭親朋戚友看不起，沒有人願意打交道。木村跌至人生最低點，萬念俱灰，一心求死。

那天，木村帶了繩子上山準備自殺，就在這時，他看到了一顆野生的蘋果樹，種在山裏，沒有備受照料，好端端的茁壯成長。木村趨前觀看、研究、思考，頓悟土壤就是關鍵，於是回家再堅持下去。

直至第八年，蘋果樹終於開出數朶花，但只有兩個蘋果的收

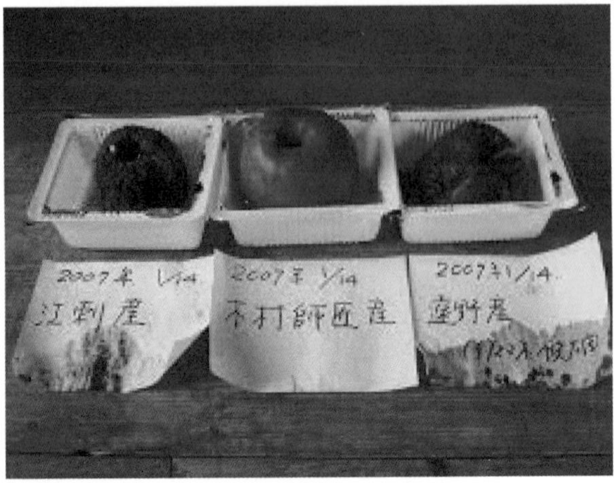

木村秋則培育出不會腐爛的蘋果(中)

成，味道卻好吃無比，可能這就是苦盡甘來的味道。再堅持下去，直至第十一年，終於成功了，種出香甜又不會腐爛的蘋果。

成功實踐了自然栽培法，木村終獲得別人的讚譽及青睞。人生彷彿從深淵一躍而起，終可過上自給自足的生活，但他卻將功勞歸於蘋果樹，指是蘋果樹的努力致成功開花結果，他只是協助蘋果樹而已。

木村十分樂意把自己的經驗傾囊相授，教導有興趣學習的個人和團體。他不單在日本國內四出奔走，還到了台灣和韓國指導當地農業團體，更獲韓國京畿道市政府頒獲榮譽市民。

在二〇〇七年開始，多間出版社出版了木村這段艱辛奮鬥史和自然栽培法的書刊，這些書刊會放到不同國家的機場貴賓室（專門招待日本的客人）供客人閱讀。而這裏有一段小插曲，話說約翰連儂的遺孀小野洋子恰巧地在貴賓室看到了木村的書，想把書翻譯成英文在美國發售，便透過朋友聯絡木村，洽購版權。木村卻說自然栽培法是大自然給予的禮物，不收分文版權費。不過，正當快要出版，進入最後審查階段時，卻突然被政府機關禁止出版。

小野洋子不服氣，聘用私家偵探調查，發現原來是M公司申請禁止該書出版，該公司總裁還用超巨金額資助爲由，試圖邀請木村前往美國演講。得知此事的小野洋子，親自打電話給木村，警告他千萬不要到美國，否則可能會受到生命威脅。這時，木村指那公司寄上了巨額支票邀請他，但他已回絕了該公司。

木村秋則和他的奇幻旅程

已屆七旬的木村秋則，爲了種出這個奇蹟的蘋果，人生跌宕起伏。不止如此，他的人生亦歷盡奇幻，年青時遇見 UFO 已是家常便飯，他更上過外星人的飛船，見識外星文明，窺探了世界的秘密。這些外星經歷穿插在他研發奇蹟之蘋果的艱辛道路上，他的一次人生，似乎比別人經歷得還要多，走得還要遠。

就在木村婚後，尚未開始自然栽培法前。一個傍晚，他在家門前道路的上空，看到不可思議的一幕。他看到一個圓形的物體浮在空中，初看以爲是月亮在移動，但又會以極快速度移動並發出美麗的橙色光芒。於是他便馬上叫家人和鄰居出來看看，包括木村在內共有九個人同時看到這畫面。不久，那圓形物體突然向着木村的家方向高速移動，瞬間便消失了。

自從那次後，木村及家人在同一地方目擊了數次 UFO。每次目擊的地方都是一樣的，家門前的上空彷彿是 UFO 的航線一樣，是必經之路，久不久，只要是晴天的傍晚，一定會見到。

至一九七八年，木村開始了自然栽培。幾歷失敗的數年間，除了陷入了人生低潮外，木村在果園裏遇上了外星人。

一天傍晚，木村準備騎電單車回家，蘋果園裏似有兩個物體在高速移動，接着又突然消失了。由於當時月亮被雲遮蔽，他只看到兩個物體的高度比蘋果樹矮，應該在一百五十厘米以下，穿着像電鍍了鉻的衣服，帶有金屬光輝。

果園裏的蘋果樹縱有間距，但枝葉還是會向外生長，但那兩個物體在樹叢走動，動作迅速麻利，令木村疑惑，心裏嘀咕：到底是什麼？難道這就是外星生物？由於辛勞了整天，累得不能作任何行動，這就回家去。

過了幾天，木村從果園回家時，又看到之前出現過的兩個物體，穿上全黑緊身衣，顯然並不是人類，有一對相當大而發光的眼睛，沒有鼻和口，也沒有耳朵和毛髮。

在漆黑中看着那兩雙光亮的雙眼，木村無疑感到恐懼。木村大開電單車的車頭燈，照向眼前的那兩個「物體」，作好要衝前的準備。對方卻向他飄來，又有一些高頻率聲音說着「我們不會傷害你」直接進入腦中。木村被嚇得身體僵直，不知所措，兩個物體就突然消失了。回到家，妻子察覺到丈夫面無血色，似是嚇着了。在妻子細問下，木村便和盤托出兩次事件，其妻也不敢相信。

當晚，木村做了一個很奇怪的夢。夢裏，他身處在一所建築物裏，遇到一個用白布裹身，留着長鬍子，外貌就像古希臘中的哲人般。對方跟他說：「我等了你很久了，我想你幫忙。麻煩你把那一邊的石板，移過來我這一邊。」木村便開始動手。

那些石板塊很重，木村用盡力氣逐一塊推動，花了點時間才搬好所有石板。木村問對方這些石板是什麼？爲何要這樣搬？對方回道：「那些都是年曆，是地球的年曆啊！每一塊代表著一年。」木村似懂非懂，再問：「這就是全部嗎？之後就沒有了嗎？」對方斬釘截鐵地回答：「沒有了。」着他不要泄露出去。木村開始擔心，這意思是否指地球將有盡時？他便醒了，他感到擔憂，牢牢記着年曆板餘下的數量。

時至艱苦奮鬥的十一年後，木村終於成功種出甜美而不會腐壞的蘋果，捱出頭來。此時，那兩個在果園遇見的外星人登門找他。

某夜，約深夜兩時，木村獨自在二樓的房間睡覺，他突然扎醒，窗門自動打開了，數年前在蘋果園裏遇見的那兩個外星人正浮在窗外。他們一雙大眼睛還是相當耀眼，今次清楚見到他們戴了透明頭罩。木村當然害怕，而兩個外星人瞬間飄入房內，一人一邊托起木村腋下飛出窗外。木村回憶道：「他們身體雖然細小，但力氣很大，我沒有反抗之力。」

他們「三人」一直往上升，木村人生首次看到自己家的屋頂。直至木村感到頭上有一道溫暖的光，他打開雙眼，發現已坐到一排長椅上，四周環境很光亮，意識到是在飛碟內。他環顧四周，沒有出入口，亦沒有照明器具，但光線充足，很舒適漂亮。

木村發現除他以外，不遠處還有兩個應是地球人的人，一個是白人女性，另一個是白人男性，看着男的似是軍人。木村不諳英語，沒有開口搭話。後來兩人分別被帶走，他亦被剛才的兩個外星人帶走。

原來他和白人男女分別被帶到了同一間更明亮的房間，三人赤身露體，各自被固定在類似手術台的地方，男女白人似睡著般，旁邊有些大眼睛外星人圍著他們細看，但沒有任何動作。木村絲毫沒想過逃跑，反之由被帶上來那一刻，就有一種說不出來的親切感。

他其後又被帶到飛碟的操控室。在操控室，木村看到一個似是人類的物種，戴着一個薄薄的透明頭盔。他向木村解釋，地球

UFOの中で見せられた不思議な3つの文字をホワイトボードに書いて説明する木村氏。最後の文字は「亜」という漢字に似ていたそうだ。

木村秋則看到的外星文字

的氧氣濃度太高會影響他們健康才戴上頭盔。木村亦是那時知道那兩個小外星人，是其製造出來的「助理」。

兩個小外星人用心靈感應把有關飛碟動力的原理解釋給木村知道，又拿出飛碟後備用的動力物質，交給木村先生體驗一下其重量。那東西是一個黑色三角形，材質類似金屬，非常堅硬，大約厚一厘米，邊長約二十厘米。木村先生伸手接過那物質時，幾乎叫了出來，因爲那個物質非常之重，單手是接不穩的，要用雙手托着。小外星人個子雖然那麼矮小，卻是單手提着。

小外星人道：「這就是我們飛碟的動力來源，K物質。」木村先生對元素周期表都略知一二，但肯定外星人說的K不是他所認知的鉀。小外星人續道：「你們地球上被發現的元素大概有一百二十種左右，實際上能用到的只有三十種，但是我們可以運用的足足有二百五十六種。」木村認爲小外星人似在是說地球人頭腦不及他們，但確實以地球人現今科技根本不可能做出這樣的飛碟。

木村對外星人的言論，沒有有任何反感，一直默默地聽取外星人的說明。除了元素表外，外星人還解釋了，地球人和外星人在「時間」上的不同見解。如果說要前往一個地方，需要花上地球時間的一千年，但對外星人來說，只需要一想就可以瞬間到達。

之後，木村又被帶到一個樓底非常之高的房間。在房間的頂部有一些非常巨大似是紙的物體，上邊寫着一些類似羅馬數字，並一張張排列好。木村先生問：「那些是什麼？」外星人：「那些是地球曆。」「地球曆？最後那一張之後就沒有了嗎？」木村帶點驚訝問。「沒錯，最後那張的數字之後，就再沒有了。」外星人說畢，還把地球曆的查閱方法告訴了木村，最後的數字十分明確清晰。

這似曾相識，讓木村想起當年的那個夢原來不是夢，而是眞有其事。因爲當年那些石板上的最後數字竟然和今次看到的一模一樣。如果地球曆是眞的話，地球剩下的時間就不多了。

外星人着木村先生坐好，他以爲要啓程回家了。木村好奇地用手掌觸碰了房間內的牆身，這時被觸碰的部份牆身立卽變成透明，可以看到外面的風景。他看到了很多光點，好像是城市的上空，之後看到的建築物都像是打橫排列的，而且建築物的頂部呈尖狀，看樣子應該不是老家青森縣的夜景。

這時，剛才被帶走的那兩個白人男女又被帶回來了。他們也被外間的景色吸引了，不約而同驚嘆着外面的景色並不是地球上的景色。旅程似是快要完結，外星人給每人發了紀念品留念。白人女子得了一個圓錐體的東西，白人男子就是像似骰仔的東西，而木村就得到一個球體，重量如剛才的動力物質般，非常之重。

回去時，也是得兩個小外星人協助，一人一邊托著木村的腋下，飛回二樓房間。由於夜已深，木村倒頭便睡。幾個小時後，木村睡醒了，想找外星人給他的禮物細看一番，誰知怎樣找也找不到，曾經與外星人會面的證據就這樣白白地消失了。

這樣又過了五年。一日，木村和太太在家裏看着電視節目，節目名稱叫「UFO 眞的存在嗎?」。其中有一環節叫「曾被外星人虜劫的人」，那集受訪的是一名白人女子。木村看着，白人女子似曾相識，不正正就是五前在飛碟遇過的白人女子嗎？木村馬上告訴太太。

起初，太太也不太相信，但白人女子描述了飛碟內的情景，又說了外星人送她禮物、逗留了大約六個小時等等，跟丈夫以前所說的差不多。重點是白人女子憶述飛碟上還有一名白人軍人和一名戴眼鏡的東洋男子，木村夫婦感到很震撼，是她了，就是五年前的那件事。

看到這段訪問後，木村感到相當興奮，證明了五年前那一件事並不是夢，而是眞有其事。不過，木村就認爲他們沒有在飛碟逗留六個小時那麼久。那天的事情中，可能出現了斷片的情況，所以只能夠記起部份深刻的事情。

木村先生始終念念不忘外星人跟他說過的地球元素表，於是他跑去找東北大學農學研究科的教授請教。木村問教授：「現在人類能夠掌握的元素有多少種？」教授回道：「已知的元素大約有一百二十種左右，我們可以掌握的大概只有二十至三十種左右。」說法跟跟外星人說的相同。

木村想起，以前經常跟身邊的朋友說自己看到 UFO 的經歷，誠然有人相信他，亦有人不相信他。甚至有幾個曾經取笑過他的朋友，因爲一次經歷之後，現在成爲了業餘的 UFO 研究者。

又有一次，木村跟朋友到海邊釣夜魚，突然間水底透出光點，而且越來越光，越來越大，衝出水面的是一隻巨型的發光體，激起的浪花還弄濕了衆人。可能是受驚過度，大家沒有帶走魚竿和魚餌，便匆匆擠上一個朋友的座駕離開，其中兩個朋友忘了是自開車過來的。這件事後，那些朋友都不再取笑木村，還跟他道歉，自此堅信世上是有 UFO 存在的。

若干年後，木村先生在一次演講後，跟一名UFO研究者前往飲宴。席間，木村兩杯到肚後，透露了二〇二五年將會有極大災禍降臨。木村說：「這些都是飛碟上的外星人告訴我的。2025年那件事情之後，人類生活將會發生巨大轉變。」那研究者問：「是跟地球曆的提示有關嗎？」那時木村先生可能被酒精影響，把一直守口如瓶的秘密說出來。木村說：「只剩下十二塊石板，一塊代表一年！」「不就是十二年之後嗎？之後地球便不會存在？即二〇三一年，那不是十一年後嗎？」那研究者連珠炮發問。

木村先生回過神，對那UFO研究者說：「我絕非要令大家恐懼，我只是把外星人告訴我的事情說出來而已。希望我聽到的事情將來不會發生，或者從哪一年開始，世界會向着好的方向發展，衷心希望大家可以幸福地生活下去。」

谷村新司受昴宿星啟發的名曲

筆者成長於一九八〇年代，一直深受日本文化所熏陶。當年，日本音樂風靡香港，有很多膾炙人口的廣東歌都是改編自日本歌，只要大家一聽旋律，相信都可以琅琅上口，隨口哼出一段老歌情懷。

在衆多八〇年代的廣東歌中，有不少都是改編自日本殿堂級歌手谷村新司的名曲。其中，由谷村新司作曲及填詞的「昴」，就是關正傑先生所唱的「星」。

原來谷村新司創作這首歌的背後，是有一段小故事。而這段小故事，在筆者和台長梁錦祥先生的音樂節目「我們的八〇年代」中，亦曾經介紹過。那一集，是台長特意要以谷村新司作主題的。

這首「昴」中，「昴」在日語發音爲Subaru，意思是昴宿星團，又稱七姊妹星團。筆者在搜集這首歌的相關背景時，發現谷村新司曾在著作中介紹過這首樂曲，並在文章標題開宗明義寫道，「昴」是來自天的引導。

谷村新司在書中聲言，在一次搬家的途中，腦內突然收到一首

谷村新司揚言「昴」是來自天的引導（圖片來自日本樂天圖書網站）

歌曲旋律和大概歌詞，而且感覺相當鮮明，是他從未試過的。由於他以前曾試過靈感到後，沒有馬上記錄下來，很快便忘記內容。這次，他二話不說馬上趴在地上，把歌詞和歌曲旋律一一記在家中的紙皮箱上，以免自己忘掉。

根據他當時的回憶，他對一句歌詞的印象特別鮮明，就是「再見了昴宿星團」，但他對這句歌詞的意思就不太明白，儘管如此，執筆之手仍自然流暢地把整首歌和詞完成。

「**昴**」　作曲、塡詞：谷村新司
（日文歌詞及意譯如下）

第一段：
目を閉じて　何も見えず
哀しくて目を開ければ
荒野に向かう道より
他に見えるものはなし
ああ　砕け散る宿命の星たちよ せめて密やかに　この身を照らせよ

閉着眼睛什麼也看不淸

哀傷地打開眼睛
從步向荒野中的道路
其他什麼也看不見
啊～就像宿命中粉碎了的星星們
至少也要靜靜地照亮着我的軀體

我は行く　蒼白き頬のままで
我は行く　さらば昴よ

我在前往　蒼白的面頰仍沒變
我在前往　再會了昴宿星

第二段：
呼吸をすれば胸の中　凩はなき続ける
されど我が胸は熱く　夢を追い続けるなり
ああ　さんざめく　なもなき星たちよ
せめて鮮やかに　その身を終われるよ

當呼吸時胸中便會感到　疾風不段在咆哮
儘管我熱血湧上心中　還是會繼續追尋夢想
啊～帶出歡聲的無名星星們

至少也要鮮明地終其一生

我も行く　心の命ずるままに
我も行く　さらば昴よ
ああ　いつの日か誰かがこの道を　ああ　いつの日か誰かがこ
の道を　我は行く　蒼白き頬のままで
我は行く　さらば昴よ
我は行く　さらば昴よ

我都前往，隨心裡面的使命
我都前往，再會了昴宿星
啊～不知何時有人會將這條路
啊～不知何時有人會將這條路
我在前往　蒼白的面頰仍沒變
我在前往 再會了昴宿星
我在前往 再會了昴宿星

昴宿星團 Pleiades star cluster 是指距離地球四百多光年位於金牛座的一衆星體。以人類的肉眼所見，一般只可以看到較爲明亮的其中六顆星，而實際上，昴宿星團有超過一百顆星聚集在一起。在古代的中國「昴」是二十八宿（古代中國的天文學術語）之一，帶有財星之意。日本人在漢字上承繼了寫法，而讀法則與有統合、統領之意的「統る」相同。在人類文明史上，有關昴宿星團的傳說多不勝數，恕未能一一盡述。

「昴」這一曲為谷村新司的演藝事業推上更高一層樓，於八十年代，一躍成為亞洲著名創作歌手，當紅至今。然而二〇〇三年，谷村新司在五十五歲時突然身體抱恙，患上帶狀疱疹，俗稱「生蛇」，他決定在此時放慢生活步伐，重新向這個世界學習。

如是者谷村新司展開了兩年的學習之旅，有時到圖書館看書，有時四出遊走。

突然有一晚，他的腦海中又浮起了「昴」這個念頭，於是他便打開電腦，在互聯網上搜尋昴宿星團的資料。他意外地找到一個名為「來自昴宿星團的信息」的網站，該網站內主要都是文章，於是他從頭到尾閱讀每一篇，直到最後一章，出現了一句讓他非常震撼的說話，就是「我們想傳遞的信息全部都放在歌詞裏面」。看到這裡，谷村新司不禁雞皮疙瘩，他決定先把網站存檔，睡醒一覺，明天再好好思考。

翌日，他一覺醒來，便馬上打開電腦，想再看看那一個古怪的網站，怎料不知何故網站消失得無影無蹤，他用盡方法搜尋，也找不到那個昨晚才看過的網站，奇怪地連搜尋記錄也找不到。

這樣又過了兩年，谷村新司需要前往中國舉行演唱會，由於當時正在打颱風，因而在南通市留宿了一個晚上。當他安頓了入住酒店房之後，突然間聽到一把聲音以日語跟他說：「由現在開始就直接溝通啊！」。這次，谷村新司不但沒有半點恐懼，早已認定是七姊妹星人跟他溝通，因而感到興奮。

從那天起，谷村新司便用心靈感應與他們溝通，全部是以一問一答方式進行。有一次谷村新司問他們為何會選中他？對方回答他：「會給你提示，你要自己尋找正確的方法，並到達正確的場所，然後我們就會直接引導你。」

又有一次谷村新司問他們，「昴」那首歌突然存入我的腦海中，也是你們的引導方法嗎？不過，這次他們的回覆卻是「那一首歌不就是你自己寫的，對嗎？其實你所塡的歌詞，就是要為世界上煩惱的人們帶來新的思考模式和不同視點，這正正是你在地球上的使命。」

自此，谷村新司每與他們溝通之後，都會調查許多他不太明白的關鍵字，看看有沒有一些事和物是可以作出牽連的，從而找出他需要尋找的答案。

他發現，古時中國人稱「昴」爲財星，皆因古時的人只要望向天上的繁星，便知道什麼時候播種、什麼時候會有收成；而遠在還沒有航海地圖和指南針的時代，古人也能按照繁星的排列算出航道。古人是依靠「昴」來維生搵食，故稱爲財星亦絕不爲過。

經過多番搜尋資料後，谷村新司不禁想起當年傳入腦中的第一句歌詞「さらば昴よ」，即「再見了昴宿星」，所帶出的意思是否就是要預告我們地球人要告別物質文明呢？

作曲家渡邊宙明
（圖片來源：https://newsdig.tbs.co.jp/articles/gallery/81009）

《鐵甲萬能俠》主題曲作曲家渡邊宙明收藏的 UFO 個案

偉大的動漫作曲家渡邊宙明，在二〇二二年六月與世長辭，享年九十六歲。他一生作曲無數，作品大多膾炙人口，其中以鐵甲萬能俠、大鐵人十七號、宇宙刑警卡邦最深入人心，特別對於成長在七、八十年代的男孩子，只要電視響起旋律，便興奮得瞪大雙眼。

原來渡邊老師除了作曲以外，對 UFO 和超自然現象等都有相當濃厚興趣。

在二〇一五年，一次有關超自然現象的演講會中，與會的渡邊老師分享了家人和工作伙伴就目擊 UFO 的經歷的對談。

渡邊老師以前偶爾跟製作團隊一起去短途旅行，從中獲取靈感。其中有一次，團隊同事間展開了有關宇宙的有趣對談。同事A先提出了一個問題：「究竟金星有沒有生物存在？」同事S就搶答說：「金星地表溫度極高，而且大氣中含有大量有毒物質，生物根本不能夠存在。」一旁同事T按捺不住反問：「爲什麼要跟地球環境一模一樣，才能夠有生命存在呢？再者宇宙那麼浩瀚，該不會沒有一個行星跟地球的環境差不多吧？我相信宇宙之大，一定存在其他智慧文明，再說日常生活裏，偶爾望上天空，也會發現一些未能解釋的飛行物吧！我自己就在不同的地方見過幾次！」

最後的那一句說話「我自己就在不同的地方見過幾次」吸引了坐在一旁的渡邊老師。於是他徐徐點起香煙，陷入回憶中，跟團隊說起了自己跟家人的經歷。

渡邊老師說：「在我還住在名古屋時，有一次太太在晾衫，遠看雲裏有一發着橙光的物體。她起初不以爲意，怎料那件物件好像越來越大，發出來的光好像還帶有節奏。」正當渡邊太太想拿取照相機拍照時，那件物件已不知去向。

另一次是渡邊老師的兒子的親身經歷。那一次，兒子和朋友到郊外旅行，看見雲中藏着一個銀色發光的東西，不知道是否受太陽光照射的影響，雲中不時射出銀色的光芒。正當兒子想要仔細看清楚時，那件物件便瞬間在眼前消失。

自從家人有過這樣的經歷，渡邊老師便習慣了一有時間便望向長空，期待能夠親眼看見 UFO。

就在演講會舉行前數年，一日，渡邊老師在家寫作，沒有靈感，於是打開窗，眺望長空。那一天，天上佈滿密雲，惟獨有一片雲顯然與其他不同，吸引了他的目光。那片雲呈圓盤狀，形狀非常齊整。他注視了接近一分鐘，沒有任何變化，但當他準備關窗時，那片雲突然發出閃閃光輝，而且快速移動到別的雲裏，如是者移動了好幾次後，再躲到一棟大廈後面，便沒有再出現過。

經歷過這件事件後，渡邊老師便自稱「UFO 素人」，每逢結識了新朋友，經一段時間後，便主動向對方打聽有沒有看過 UFO 或有沒有奇怪經歷。

神奇的交通意外

發生時間：一九八〇年代
發生地點：關東地區

這是「鐵甲萬能俠」主題曲作曲家渡邊宙明從朋友得知的神奇故事。他的朋友遇上了嚴重的交通事故，與對線車輛迎頭相撞，座駕的司機位撞得全毀了，他卻神奇地在看見白光後，就從司機位被推到一旁而避過一劫。他自此風山水起，成爲富商。

事情是在八〇年代發生的。渡邊宙明的那名朋友住在東京，有一天他開車經過環狀公路七號線。儘管朋友平時經常粗心大意，但他記得那一天是有扣好安全帶的。

當朋友抵達某個地方時，天開始下雨，公路越來越濕滑，爲了安全起見，他便減慢了車速。就在他這樣想時，右前方突然出現一道非常刺眼的白光，之後發出了一道巨響，朋友就失去了知覺。

昏迷了一整天，朋友終於甦醒過來，他意識到自己發生了交通意外。他醒後有護士過來簡單地說明了其身體狀況，指他的頭部撞向擋風玻璃縫了數針，身體有多處擦傷，背部數處刺入了玻璃碎片。他的座駕就完全報銷了。

警察亦過來替他錄取口供。警察說：「我們替你駕駛的車做了好幾項分析，並嘗試還原當天晚上所發生的意外經過。昨晚，你的對面線迎頭方向有車因為超速，加上路面濕滑失控，結果迎頭撞向你車的右方。」

警察特別提出了幾點：第一，警方到場後發現當事人並不是在右邊的駕駛座上，而是在副駕駛座上；第二，駕駛座上的安全帶曾被利器割破；第三，警方在車廂內找到一塊顏色像鋁箔的金屬板，沒有半點光澤，金屬板厚三厘米，濶四十厘米，長三十厘米，不像是車內的配件。警察緊接着擺出疑惑的表情問道：「請問你是如何從千鈞一髮之際割開安全帶移到旁邊的座椅上的呢？」

朋友帶點迷惘回道：「當時，我只知道右邊有一道白色的強光，很快便撞過來，發出巨響，然後我就什麼都不知道了。」警察只好回答：「明白，如果你之後記得多一些事發經過，麻煩你隨時與我們聯絡。」

出院後，朋友帶着那塊金屬板找渡邊宙朋，完完整整地說出意外的始末，希望對神秘事物有豐富見識的渡邊可以替他解謎。渡邊當然義不容辭，立即請教身邊的有識之士，希望可以早日能替朋友解開疑團。

渡邊找來著名研究 UFO 的教授關英男求助，並交該塊金屬板予教授分析。經過分析後發現，金屬板的主要成份是鋁，其餘就是鋅等，都是地球常見的金屬。不過這個案件非常特別，有很多奇怪的地方，這塊金屬板有可能來自其他高智慧生命體。

教授希望渡邊再確認一下，當事人在事發時到底有否打開車窗？渡邊向朋友發問，朋友回覆說沒有打開車窗，再問：「車窗有沒有損毀？」回道：「倒是沒有。」渡邊心裏想：那麼金屬板就不是從外面飛進來的。

渡邊把朋友的答案轉告關教授，關教授思考一會說：「由於那塊來歷不明的金屬版並不鋒利，在一般情況下，不能把安全帶割破，除非它以非常快的速度穿過，就有可能劃破安全帶。而那塊金屬板有機會是從外面不規則的飛進來，或者是從異次元飛進來也說不定。」

關教授希望渡邊再問清楚，當事人在千鈞一髮之際，是怎樣離開駕駛席，移到旁邊的座位的。因爲這不是輕而易舉做到的。不過，當事人回覆指看到白光後，已記不起所發生的事情。在他昏迷前，確實有一股力量推他去某一個方向，但詳情已經記不起來了。

關教授聽過當事人的敍述，便說一個故事。七十年代越戰時，傳說有一個軍人正要向一對越南母子開槍行刑時，槍枝突然失靈，於是他令另一個軍人借他槍，亦告失靈，最後他在吉普車上取出更強大的武器來行刑。正當他準備開槍之際，天上突然有一道白光照射下來，並把子彈全數彈開，那隊軍人嚇得落荒而逃。

關教授續對渡邊說：「你的朋友今次所遭遇的事情，絕對是一個神秘的經歷，而這經歷有機會和這越南故事一樣，都是被外星人拯救了。希望你朋友可以好好記錄此事，說不定將來會出現有識之士幫助解謎。」

人生有時就是這麼奇妙，渡邊的這個朋友大難不死，他之後的人生，不論做什麼生意都能賺大錢，還買了很多地皮，把業務擴展得非常之大，後來還成爲了日本知名的富商。

「UFO學」視點看「武江年表」

「武江年表」是由江戶時代一位草創名主齋藤月岑所編寫的。武江是指武藏國江戶，其內容是記錄了以庶民角度，所看到當時社會所發生的事情。「武江年表」正篇中的前篇由天正十八年（一五九〇年）至寬保三年（一七四三年），後篇則由延享元年（一七四四年）至嘉永元年（一八四八年），嘉永二年（一八四九年）至明治六年（一八七三年）爲續篇，而明治七年至十年（一八七四－一八七七年）則爲附錄，在明治十一年一月（一八七八年一月）正式完成。

有趣的是我們可以從當中找到一些「關鍵字」，來尋找古代目擊UFO的證據。從日本語字典中查閱「光物」ひかりもの一字，便會得出意思爲「發光物體」，包括流星、彗星、閃電等天然現象，還有鬼火、妖怪、人魂都是包含在發光物體之內。這些都是與UFO有關的解釋。

於是我們嘗試在「武江年表」中搜索與「光物」有關之記載，結果我們找到十八宗記錄

光物1：寛永七年(一六三〇)十二月二十三日「大地震。戌刻、光物飛行し、其音すさまじかりし」
光物2：寛文六年(一六六六)三月二十六日「人形のごとき光物、東方に飛ぶ(長二丈余といふ)」
光物3：正徳四年(一七一四)十一月十一日「夜、光物、辰巳より戌亥へ飛。其音、雷の如く震動す」
光物4：享保元年(一七一六)十一月二十九日「夜、光物飛ぶ」
光物5：享保十二年(一七二七)三月朔日「夜五半時、光物、東より西へ飛。雷の如く鳴る」
光物6：享保十三年(一七二八)正月十六日「夜、光り物飛ぶ」
光物7：元文三年(一七三八)二月朔日「夜五時頃、光物飛ぶ」
光物8：寛延二年(一七四九)八月「光物飛ぶ」
光物9：明和八年(一七七一)五月十七日「光物飛ぶ」
光物10：天明八年(一七八八)四月十一日「夜戌刻、光物飛ぶ。昼の如し」
光物11：寛政四年(一七九二)六月十八日「亥刻、光物、西南より東北へ飛。大さ、笠のごとし」
光物12：文化四年(一八〇七)二月十四日「明六半時、東より西へ光物飛ぶ」
光物13：文化四年(一八〇七)九月三日「酉の刻、北東より南へ光

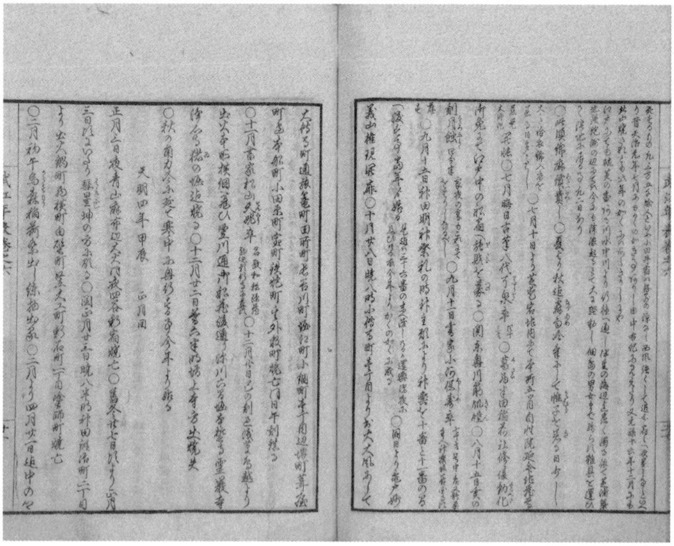

武江年表記載了不少古代 UFO 事件

り物飛ぶ。大サ毬の如く青みあり」

光物14：文化九年（一八一二）十一月九日「明六半時、東より西方へ、大二尺余りの光物飛ぶ（武州生麦村の辺へ落。其響、雷の如く、大なる野衾の如き獣にして、肉翼ありしといへり）

光物15：文化十四年（一八一七）十一月二十二日「晴天、未刻頃、江戸市中雷鳴の如き響して、光り物 空中を飛ぶ（武州八王子横山宿の畑中へ落たり。長三尺・幅七尺・厚六寸程。燻りたる石也）」

光物16：文政三年（一八二〇）九月二十八日「夜、光物飛ぶ」

光物17：嘉永五年（一八五二）正月八 日「暁丑刻過、光り物、乾より巽へ飛ぶ」

光物18：文久二年（一八六二）七月十五日「戌下刻より光物、筋を引て坤の方へ飛ぶ事夥し（頭上をはなる，事甚近くして、引もきらず）。暁の頃、尚盛なり。諸人恐怖せり」

當時的敍述都是非常簡單，有些只是描述目擊情況，有些有指出方向，有些同時有聲音描述，有些有「墜落物體」的字眼，描述形狀和尺寸。當中要是稱得上 UFO 目擊事例的應該有第二至第十三項及第十六至第十八項。

另外，「武江年表」中還有提及一些跟天空有關的奇異現象的字眼，包括：「天火」、「怪獸」、「毛降」等等。「天火」和「怪獸」相信都不用多作解釋，反而想跟大家解釋一下何謂「毛降」？

「毛降」相信跟英語中的「Angel Hair」是同一類物體，傳說有UFO出現過之後，一些白色絲狀物體便會從空中掉到地上。情況就好像發生在一九一七的「花地瑪事件」，在聖母顯靈後，人們便發現有一些白色絲狀物體從空中掉下。

日本小說家新田次郎在小說中也加入「毛降」的情節。他在一九五八年投稿到雜誌《日本》的短篇故事「聖母的白絲」中，講述主角在滿州國親眼目擊火球在半空中出現，之後空中出現了一些白色絲狀物體，而這些白色絲掉下來時，剛好纏住了一名士兵的頸項，刮破動脈而死亡。

「武江年表」看起來像是非常平平無奇的歷史簡述，但從那些用了光物描述的事例上，起碼證明了日本在古時候，也有出現了一些和外國一樣的不明飛行物體發現個案。

第三章

日本早期 UFO 目擊・疑似外星人接觸個案

可能是世界上最早的UFO目擊個案

日本平安時代（七九四年－一一九二年）有一本私人編纂的史記，名爲「扶桑略記」。當中曾提及有關天空出現發光體的描述，若以今天的知識層面來看，有關描述很有可能是一宗目擊UFO的個案，早在日本古代時發生的個案。

在「扶桑略記」第三卷中其中一段述及，在公元五九六年十一月（日本第一位女天皇推古天皇在位時期），位於奈良縣的法興寺（即現在的飛鳥寺）正要舉行竣工儀式。當時該氏寺的創立人蘇我馬子及攝政王聖德太子也有出席。據說當天天空出現了一些奇妙的飛行物體，幾乎所有參加典禮的人都同時目擊。

原文是這樣的：

「蓮の華の形のようなものが空から塔の上を覆い、又、沸堂を覆った。」

「五色の光を放つ様を見て、人々は〝有難い〟〝龍か鳳に違いない〟と口々にとなえ、手を合わせた」

「西へ飛び去るのを見送った」

原文的意思爲「一艘蓮花形的物體，從空中下降至塔上的天空中，一會又懸浮在佛堂之上。」(註：日文「沸」字通「佛」)

「看到它綻放五種色彩，大家都認爲難能可貴，不論是龍或鳳，合掌以示敬畏。」

「然後向西邊飛去，之後一去無蹤。」

順帶一提，當時正值日本的飛鳥時代(592年-710年間)，蘇我馬子是當時的權臣、世家大族，握有權勢，有份擁立外甥女成推古天皇。推古天皇在位，成爲日本第一位女天皇，立姪子聖德太子輔政，改革制度，採用天皇名號，又大興佛教。飛鳥時代是日本在文化、社會、政治交流發展上一個重要的時期。

接下來要介紹另一宗發生在日本中世紀的個案。這個案曾經記述在法國殿堂級UFO專家雅克．瓦萊(Jacques Fabrice Vallée)的著作中。書中提及，日本鎌倉幕府時代(一一八五年-一三三三年間)的九條賴經將軍曾經目擊UFO。筆者翻查過日本編年體史書《吾妻鏡》、又名《東鑑》後，發現內容有一些出入，借此機會和大家分享一下。

鎌倉幕府第三代征夷大將軍源實朝在建保七年（一二一九年）被刺殺後，由九條道家的第三子九條賴經繼任，成爲幕府第四任將軍。

九條賴經出生於寅年、寅月、寅時，年幼時被稱爲三寅。嘉禎元年（一二三五年）九月二十四日深夜，當時的陰陽師（註：負責占卜祭祀的官職）安倍資俊發現有一粒「星」以不規則方向滑行，一時又逆時針方向打圈盤旋，甚覺奇怪，馬上向九條賴經稟報。九條賴經馬上派學者和陰陽師進行調查。可惜過了一段長時間也查不出原委。最終只好以「那顆星可能被大風吹至偏離原有軌跡」作最終調查結果，記在史冊中。

現在看來，這個在中世紀完成的調查結果，確實令人感到匪夷所思，有違常理，甚至帶點滑稽。不過，當時擁有最高權力的統治者，對此現象表示關注，並納入史冊中。這好讓後世的 UFO 愛好者能找到多一塊拼圖，實在是非常難得。因此我們才可以有跡可尋，追溯到現今世上最早的目擊 UFO 的個案。

一九一八年發現飛碟殘骸的鄉村少女

個案是發生在大正七年（一九一八年）的春天，在長野縣烏帽子岳山麓海拔七百米高的某個村莊。

居住在那個村莊的一名少女寸田，在一天晚上約十一時左右，在家裡的庭院，突然看見天空有一團火球從兩百米外朝向她的方向飛來，越過她家的屋頂後，火球便消失得無影無蹤。

當時，寸田認爲火球是「人魂」。「人魂」即是日本民間傳說中所指的，人死後靈魂脫離軀體，在空中飛翔，有說形態如蝌蚪，顏色有淺藍、橙色和紅色等。

由於寸田以爲是「人魂」飛過，所以心裏忌諱，不敢理會，隨即返回屋內。直至翌日早上約七時許，她決定再去後院查看，詎料看到的是一具如殘骸般的物體。那具殘骸外形呈一個半球體，連着一塊橢圓形的盤狀物，全體直徑約三十厘米左右，周圍好像黏著一些灰黑色、如啫喱般的黏狀物體。由於寸田當時認定那個殘骸是「人魂」，心裏仍然害怕，看後又再退回屋內。但她一直念念不忘，滿腹疑惑，吃過飯後再到後院查看，便發現那具殘骸變成如火山灰土一樣，在半球體的周圍則留有曾經滲出液體的痕跡。

當年目擊者寸田けさ

五十多年過去，寸田亦轉眼變成了七十二歲的老婆婆。一日，寸田婆婆跟鄰居柳沢先生談起看見過「人魂」的往事。剛好，七十年代的日本正值興起一股研究UFO的風氣，柳沢先生對「人魂」之說抱有懷疑，於是聯絡了雜誌《UFO和宇宙》的記者，來採訪寸田婆婆。

時爲一九七五年，負責採訪的《UFO和宇宙》的記者山田先生，綜合了寸田婆婆所述，並依據美國著名外星人接觸者佐治亞當斯基(George Adamski)的著作內容，認爲婆婆當年見到的應該不是「人魂」，而相信是小型UFO。

山田先生認爲，如果是「人魂」或「鬼火」的話，不應留有墜落的痕跡，並帶有一些如流出來的黏狀物，反之像似因撞毀而墜下，致有物體跌出來。他引述佐治亞當斯基著作內容解釋指，金星人曾經說過，如果外星人的小型UFO一旦發生故障而墜落時，便會自行爆炸，遺下的殘骸會自然分解，不會影響住在地上的人。

寸田婆婆於當年的訪問中曾解釋，自己在受訪前一年，因病重致頻死邊緣。她大病過後，自知年事已高，擔心若不把事件說出來，便會長埋黃土，於是接受訪問。

她不確定當年看見的是什麼，但覺得需要說出來，讓有識之士一同研究。她又謂，自己有兒有孫，絕不是爲了打響名堂而隨便胡說，令子孫蒙羞。

一九二三年關東大地震引領避難者的 UFO

時間去到大正十二年(一九二三年)九月一日，那天發生了著名的關東大地震，強度達黎克特制八．一級，造成逾十四萬人死亡，逾十萬人受傷。地震對東京及橫濱造成毀滅性破壞。

一對在橫濱渡慶橋經營印刷廠的K氏夫婦和孩子三人，剛從倒塌的廠房中逃脫出來，旋卽映入眼簾的景象足令他們一世難忘。

當時，街道上火光處處，很多建築物正被烈火吞噬，路人爭相走避，場面非常混亂。就在他們三人不知所措之際，突然一艘閃閃發亮的飛行物體停在半空。K太太認爲是天神下凡來拯救他們，於是大喊，着附近的人都跟隨「天神」走。前後大約有七個人與他們一起同行，而「天神」似是在引領他們，緩緩向着某個方向前進。就在刹那間，有些建築物的部份塌陷下來，把剛才沒有隨他們同行的人都活埋了。

他們一行人大約步行了一個小時，來到一個竹林。K太太建議大家在這裏稍作休息，她於這時向着停留在半空中的「天神」合十

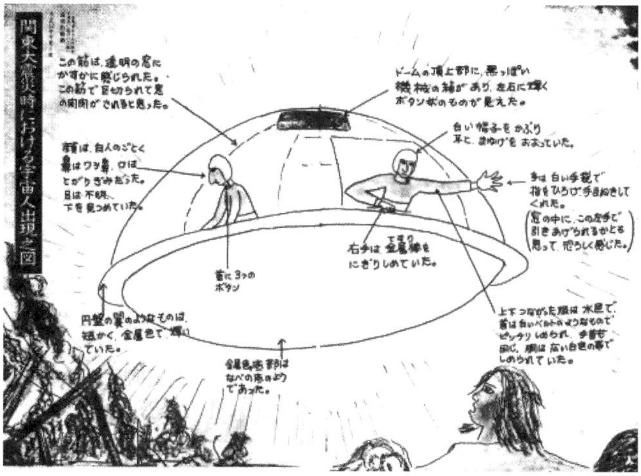

出現於關東大地震之 UFO 的示意圖

道謝。於是「天神」的上半部突然變成透明，更現出了兩個人影，其中一人伸長半身，向在地面的人揮手。大家都清晰看見那人戴着白色帽子，五官輪廓很深，鼻子很高像似洋人，身穿淺藍色的衣服，衣領和袖口都是白色，衣領則有三顆像按鈕一樣的金屬物。那人戴着白色手套，跟「我們一樣」都有五隻手指，而另外一人也穿着一模一樣的衣服，他只是垂下頭觀察地面上的人。過了一會，「天神」便高速離開，消失在雲層當中。

其間，丈夫K先生分道返回住所，查看損毀程度，惜家園已盡毀。他們三人之後順利團聚。還有一段題外的小插曲，話說三人災後回家，K太太拾獲一袋金，因此得以重建家園，開展新生活。

以上內容摘自雜誌《UFO 和宇宙》，於一九七七年八月號刊載K太太的訪問。

一九三〇年乘坐 UFO 橫越海洋到非洲和埃及的五歲小孩

今次的主角是一名 5 歲的日本小孩，名叫「天中童」。因爲小時候與外星人相遇，坐上了 UFO，而改了「天中童」這個別名，他在一九八五年接受雜誌《UFO Contactee》的訪問時以此自稱。

事件回到三十年代的日本，當時五歲的天中童參加了村莊的祭典。他記得自己非常疲倦，沒有更換衣服倒頭便睡着。大約九時左右，腦內有一把親切感的聲音叫他「小朋友出來吧」。他走到屋外，見到一個身穿白袍而且很高大的男人。那人相信有兩米高，東菇頭、皮膚很白、輪廓很深，很像外國傳教士。那人對他說：「跟我來，我帶你去玩。」便跟着他走了。

那個金髮叔叔(從這裏開始稱那位金髮男士爲「金髮叔叔」)抱著天中童穿過神社，經過農地，再走過墓地，到了一個野草茂密的地方。四周一遍漆黑，但能清楚看見附近有一件非常大的物件，好像碟一樣，直徑有三、四十米。走近一點，那隻碟的表面發出一層淡淡的光，上部份像倒轉了的碗，下部份好像沒有着陸裝置。金髮叔叔說：「我們上去看看吧。」便放下天中童，拖著他上去。

天中童在訪問中稱：「我在那個時候根本不知道何謂 UFO、飛碟。」而當他進去後，約有四至五個跟金髮叔叔很相像的人出來迎接，看來是同伴，其中有一人身材較細小、啡色皮膚，長頭髮的，應該是女性。

金髮叔叔拿了一件白色長袍出來讓天中童更換，又換掉木屐，穿上長靴，安頓他坐在一個位置，問他「想往哪裏」。天中童回道：「想看大象和鯨魚。」便按金髮叔叔指示繫好安全帶，準備出發。

飛碟稍稍震動了一會，便變回平靜，似乎已經飛到空中。天中童環顧飛碟內部的情況，空間非常廣闊，約有 15 米左右，不知道光源來自哪裏，光線不是很充足，但仍然看到整個空間是乳白色的。飛碟的中央有一條很粗大、約兩米直徑、半透明圓柱連接飛碟頂部。

座位後邊牆壁，每隔一段距離便有一個橢圓形的窗口，可以看到外邊的景物。有些柔和的光線透進窗內，他吸引了過去，看見太陽從海邊慢慢升起，這是天中童第一次看見日出。

不久，飛碟似停了下來，往窗外一看，全是一片碧藍色的海洋。

金髮叔叔告訴天中童，這裏有很多鯨魚在游泳，着他慢慢觀看。他興奮地細看每條浮出水面的鯨魚，但是從天上向下俯瞰，看到的鯨魚都像小魚般，在他要求下，金髮叔叔把飛機飛到海面上，讓他近距離看，更看到數條鯨魚浮上水面。天中童在訪問中表示：「這是我人生第一次看到鯨魚，那種興奮的感覺，至今難忘。」

看過鯨魚後，飛碟又再出發，窗外的風景由藍色漸漸變成淺啡色，原來今次到了非洲。飛碟飛了一會再停下來，這次看到的是一群大象。金髮叔叔按天中童要求，低飛到距地面數米，可近距離觀察，近得連象牙也看得非常清楚，感覺十分過奇妙。其間，金髮姐姐曾端來了一杯用透明杯子盛起的、似是飲品的東西，冷冷的、有點甜，頗爲好喝。

飛碟又再起飛，窗外的景色沒有很大變化，都是淺啡色的沙，接着看到一些建築物，有一些是三角形的。天中童一度心想：那不是金字塔嗎?飛碟飛過一座很高的金字塔，見到一個很大的頭像，一個人面的頭像在沙漠中聳立而起，但看不見身體。飛碟在那個人像的正面偏右的位置停了下來，非常接近地面。由於降落位置背光，所以不能清楚細看「獅身人面像」的五官。

看完這一站的景色後，飛碟又繼續起程，劃過沙漠，穿過海洋，正準備降落。金髮叔叔替天中童換好之前穿着的浴衣和木屐，便要離開了。當天中童踏出飛碟後，走了幾步，金髮叔叔的夥伴們筆直的排成一列站與他道別。

回到家，天中童看看牆上的時鐘，原來已經五時許。父母以爲兒子不見了，發動了全村人搜索，終於等到兒子回來，禁不住大罵一頓。儘管天中童跟父母解釋，把遊歷告訴他們，父母都不相信他，認爲是兒子說謊。當鄰居們都知道這件事後，大家都認天中童是爲了不想受罰而編造愚蠢的天方奇談。

直到若干年後，天中童遇見一位寺廟的僧侶，相處一段時間後，感到可以互相信任，於是把童年時發生的事一五一十的告訴對方。那個僧侶願意相信他，令到他非常感動，又建議他改別叫「天中童」，取意爲曾經到天空上的小童的意思。

二次世界大戰中的不明飛行物體

在日本有不少研究 UFO 團體，其中有兩個團體「宇宙友好協會」和「日本宇宙現象研究會」，曾於出版的刊物中記述，在第二次世界大戰時，在日本本土和國外戰線，均有發現大量不明飛行物體的目擊個案。包括在一九四四年的秋天，一位於航空技術廠工作的技術人員加藤米二，就在橫須賀目擊過一艘黑色、雪茄形狀、牽着一條橙色尾巴的飛行的物體。

其中，於五十年代末成立的「宇宙友好協會」又從舊日本陸海軍的士兵處，收集了不少有關「Foo Fightes」的目擊個案。

所謂「Foo Fighters」，中文譯名爲「火焰戰鬥機」，是指第二次世界大戰中，在歐洲和太平洋等地，戰機機師在上空目擊的發光球體。直徑大約爲數厘米至數米不等，通常不止一個出現，這些發光體的移動速度，相較戰機的速度是有過之而無不及。

當時的日本士兵對「Foo Fighters」有多種不同的稱呼，例如火球、火彈、特大圓球或空中水母等等。他們一般認爲，那些發光球相信是美國的新型兵器，亦有一些士兵認爲是自己眼花。

「宇宙友好協會」記錄的個案包括：在一九四二年，一名跟隨南雲艦隊出發的零式戰機機師指，在他們爬升至數千呎高空時，發現機翼附近有一不明物體緊緊相隨，然後又以極高速度消失！

在緬甸戰線上空，另一名百式司令部偵察機機師，發現前方有一列橙色的球體，礙於偵察機沒有裝備任何武器，決定加速離開，怎料遭橙色球體尾隨。儘管機師試圖擺脫它們，向左及右交替飛行，但那些橙色球體竟以同一飛行方式緊貼著他，大約持續了十五分鐘，最後那些橙色球體突然加速離開。

據另一名一式陸上攻擊機射手回憶指，當時在所羅門海域上空，目擊十數個不明飛行球體。那些球體呈銀白色，直徑約八、九十厘米，一直跟隨其後方好一段時間，然後又以極高速上升，便消失得無影無蹤。

在太平洋戰爭末期，預備迎擊美國 B29 轟炸機的日本海軍戰鬥機紫電編隊的機師，曾嘗試向那些不明飛行球體作出攻擊。不過，那些球體可以任意急降上升，或以超高速飛離攻擊範圍，或避開攻擊。

參考自：《UFO 和宇宙》一九七〇年五月號

日本前參議院議長的 UFO 記憶

日本政治家江田五月，一九四一年出生於岡山縣一個政治世家，父親江田三郎是日本著名的左派人物。他的從政生涯中，曾歷任參議院議長、法務大臣、科學技術廳長官、四次當選眾議院議員、四次當選參議院議員等，至二〇一六年退出政壇時已年屆七旬。

就在江田五月還是小學生時，曾經發生過一件奇怪事件。

有一天，小學生江田上數學課時，他的數學老師突然向全班提問：「哪一個同學相信有 UFO 的？請舉手。」全班只有江田和另一個同學舉手。老師接著說：「今晚，老師會乘坐 UFO，有興趣的同學可以到公園來觀看。」

當晚，江田和那名同學依時前往公園。到達後，他們看見老師站在噴水池的旁邊。大家打過招呼後，天空突然出現了一隻 UFO，飛到老師的正上空，便發出一道藍白光，並照向老師。老師便隨那道光升上了太空船。

自此之後，江田不時無意識地走到那個噴水池。有一次，另一個有份目擊事件的同學要找江田，但找不到他，於是走到那噴水池，果然江田又在那裏，而且是赤裸身體在那個長滿青苔的噴水池游泳。

江田曾經叮囑那個同學，要在他江田五月不在人世時，才可公開他們遇過的事。

江田於二〇二一年逝世，享年八十歲。那個同學其後於二〇二三年二月，接受了一本專報導神秘學的雜誌《MU》訪問，將他與江田五月遇見的 UFO 事件說出來。他說，記憶所及江田沒有說過曾被帶上飛碟，不知道江田是否被抹去了記憶。

報道刊出後，有些跟江田年紀相約的岡山縣人，知悉事件後，便翻查了刊於七、八十年代的雜誌《UFO 和宇宙》。該雜誌曾多次收到居於岡山縣的讀者投稿，指當地自四十年代尾至七十年代中期，多次目擊雪茄型不明飛行物，更有讀者目睹飛行物體飛行時會發出橙色光芒，靜止時會向下射出藍色光。

為什麼岡山市內會經常發現 UFO 呢？一名自稱曾在軍隊工作的網民，在一個討論神秘學的網站提出了一個有趣的見解，筆者不妨寫出來讓大家討論一下。

該網民指，岡山市內的北面，即岡山大學後的一片山地，是日本陸上自衛隊的駐紮地，該處停泊了數輛坦克。在當地但凡年過八旬的居民都知道，該處地底是舊日本軍的彈藥庫，就算當年曾遭美軍空襲，彈藥庫也完好無缺。在第二次世界大戰結束後，美軍接管了彈藥庫，現時則由日本陸上自衛隊看守。

該網民又指，彈藥庫內儲存了核彈頭，亦會運往位於山口縣岩國市的美國海軍基地。故此，每當外星人發現該處有異動，便會派 UFO 前往調查。不知道大家信納這說法嗎？

圖爲荒井欣一，這是一本有關他研究 UFO 的著作。

一九五六年銚子事件

發生時間：一九五六年九月八日早上
發生地點：千葉縣銚子市

有說千葉縣的銚子市是日本發生最多 UFO 目擊個案的地方之一，每兩個人就有一個曾經目睹過。這次事件就是發生在這個市鎮裏，牽涉日本研究 UFO 事件的先驅者荒井欣一，是由他接收了一塊謎之金屬而開始的故事。

先說說荒井欣一這位先生，他一生致力研究 UFO，早於一九五五年成立「日本空中飛行圓盤研究會」，會員人數曾一度超過一千人。研究會內成員大都是有識之士，而且個個俱有名氣，其中著名會員除了出名小說家三島由紀夫外，還有「宇宙開發之父」糸川英夫博士、政治人物石原愼太郎、科幻小說家星新一和歷史小說家兼氣象學家新田次郎等等。

荒井欣一在雜誌《UFO 和宇宙》的一九七八年十二月號中，分享了這次的親身經歷。

一九五六年九月八日早上，在銚子第四小學校園一角，有人發現了一塊來歷不明的金屬片，長四至五厘米、濶一毫米，厚度十微米(micron)，狀似鋁箔。牙科醫生滝田先生由於是日本天文學會會員，所以他把那塊來歷不明的金屬片親自寄去了荒井欣一創立的「日本空中飛行圓盤研究會」作出分析。

那時是五十年代，爲什麼發現這麼一塊來歷不明的金屬片，就會聯想起 UFO 呢?因爲當時在歐美兩地已有個案在目擊到 UFO 之後，就會發現一些閃閃發光的金屬箔片或白色呈蜘蛛網狀(Angel Hair)的東西遺留下來。滝田先生懷疑那塊金屬是否和外國的一樣，所以有這個安排。

荒井先生和柴野先生兩個骨幹成員，馬上把收到的金屬片送往「工業推獎館」作分光分析。

所謂分光分析是取決於對有色化合物吸收多少光，對分子進行定量分析。分光分析法使用稱爲分光光度計的光度計，該光度計可以測量光束強度作爲其顏色(波長)的函數。分光光度計的重要特徵是光譜帶寬(它可以透射通過測試樣品的顏色範圍)，樣品透射率的百分比，樣品吸收率的對數範圍，有時還包括反射率測量的百分比。

兩天後測試報告得出結果發現，金屬片意外地鉛的含量爲 1% 至 10%。

荒井先生解釋鋁和鉛很難成爲合金，他還特地請教日本國內鋁箔生產商「日本輕金屬」，得到的回覆是他們生產的鋁箔是完全沒有鉛的成份。

爲了進一步確定鋁和鉛是否不能成爲合金，荒井先生還特意去拜訪了東京工業大學金屬學教室的中村正久先生。中村先生解釋鋁不可以合成超過比例 0.2% 的鉛，因爲是不可能合成的。

第二次的測試報告，東京工業大學的分析報告則指出，送來的金屬片的鉛含量竟然有 10.9%。

當時荒井先生看到結果後，認爲超越了人類一般的常識，心想難道眞的是天外文明的產物？

過了一陣子，荒井先生又再收到「工業推獎館」的技師松下先生聯絡，說想再次詳細分析，希望荒井先生可以再提供金屬片的樣板。荒井先生再從牙醫滝田先生借來金屬片，交「工業推獎館」進行分析研究。

十月二十九日得出分析結果如下：

1. 「分光分析」結果鋁箔表面附着一層很薄的乙烯基樹脂。而乙烯基樹脂皮膜内發現含有 1% 至 10% 的鉛，而且皮膜内還發現了許多黑色粒狀物體。

2. 鋁箔的其中一面塗有有機染料。

3. 一般在乙烯基樹脂混入鉛時，應該會完全溶化和變成透明。但這個樣板測試出來的結果顯示，成份裡面還含有極少量釩和鎳，這種案例非常之罕見。

既然這種組合是那麼罕見，荒井先生決定拿着金屬片去找的專家中的專家尋找答案。

今次荒井先生向「宇宙開發之父」兼「日本空中飛行圓盤研究會」顧問糸川英夫博士(一九一二-一九九九)尋求意見。當博士聽完分析報告後,便推斷是美國發射實驗中的火箭殘骸。因爲鋁箔表面有乙烯基樹脂鍍層的話,應該只有美國才會這樣應用。

荒井先生得到線索之後,謝過博士,便去找美國領事館打聽。領事得知來意,讓荒井先生去找空軍參謀摩拉魯少佐。

少佐告訴荒井先生,九月九日確實有做過演習,但九月七日確定是沒有進行。要是那塊金屬片是用來干擾電波的話,不可能只有一塊,同一地區應該會掉落更多。最後,少佐讓荒井先生把金屬片給他拿去分析。

荒井先生把金屬片交給少佐後,一直都等不到回覆,在再三催促下,最終在四十二天之後收到了回覆,但回覆的內容令到荒井先生非常失望。因爲只有簡單一句「這是美軍掉落的東西」。儘管荒井先生如何努力提出各類問題,當局亦只一律回覆「no comment」,當然金屬片就不要奢望可以取回。荒井先生上了寶貴的一課。

直至二十多年後，荒井先生接受一本 UFO 雜誌訪問，並重提舊事。他在結尾時表示，失去金屬片之後他相當後悔，自此處事變得非常小心，之後他用了很長時間去搜索相同金屬片，非常幸運地他又找到了一點。他答應雜誌編輯，如果日後進行分析，如有結果，會經雜誌發表。

後來，有關金屬片的進一步分析報告，至今仍然是個謎。荒井先生之後亦沒有再公開討論此事了。

一九六〇年從土星型 UFO 下來的外星人：讓人類見識了外星的文明

發生地點：岡山縣岡山市總合運動場

發生時間：一九六〇年四月十九日至一九七一年間

四十多歲老師安井清隆，在居住的岡山市內經營學塾。一九六〇年四月二十三日晚上，他第一次看到天上有一架土星形的UFO，體積比眼見的滿月大少許。相信他萬料不到這只是個開端，往後的十多年裏，他能夠見識外星的先進文明，超乎人類的想像。

一個星期後的下午，安井聽到有人拍門，應門時卻撲空，腦內就聽到有人叫他「穿好衣服到外面去」，便不由自主到了外面。

他看見天空有三架發光飛碟，很有規律地一起旋轉、飛行再旋轉，像似花式飛行。飛了一會兒，其中兩架突然消失，剩下一架向西北方向飛去。

安井被吸引着，跟着餘下的那一架飛碟行至練兵場才停下來（現在為綜合運動場）。奇怪的是那架飛碟似在協調安井的步調，待他走近後，再慢慢飛到四百米外的大草地才降落。

直至安井行近至距離二百米時，飛碟打開了一道門，從裏面走出來了一個高頭大馬的人形物體。在這次安井第二次見到飛碟時，就遇上了外星人。

步出的外星人身形高大非常，約二．四米高，穿着銀色衣服，發出磷光，戴了頭罩，一步一步走近安井，並伸手跟安井握手。

安井握手回應，同時仰頭望進頭罩裏的外星人，隱約從其輪廓上來看，以地球人的標準，對方尚算有着歐洲人的俊朗。

正當安井看得入神，外星人開口說話，說出的竟然是流利日語，而且發音更勝於大部份日本人，就像專業的新聞報道員般。兩人簡單地交談幾句：

外星人：「你懂什麼語言？」

安井：「日本語。請問你從哪裏來？」

外星人：「來自非常遙遠的地方，是你們的星系以外的星球，你們地球人尚未確認，衆多星球中的一個。」

安井：「爲什麼你的日語那麼厲害？」

外星人：「我們有翻譯裝置。我們從你小時候開始已在觀察你，現在是合適會面之時。」

安井：「哦…從你們的星球到地球要多長時間呢？」

外星人：「你們的時間約三十分鐘。」

安井：「可以讓我看看你們的飛船嗎？」

外星人：「今日不可以，下次一定帶你去參觀。」

安井：「請問下次我可以帶朋友一起上去飛船嗎？」

外星人：「我只想和你交流。」

因爲外星人之後呼吸得好像不太自然，道別後便返回飛碟。

飛碟從地面緩緩地升起後，高速但靜寂無聲地飛上天空。就這樣過去了半年。

直至十月三十日，安井再次收到心靈感應，着他「明天在富山縣黑部市的宇奈月温泉附近的河原見面」。因爲路程頗遠，超過五百公里，所以安井馬上整裝出發。

翌日黃昏，安井與外星人重聚，今次還多了一名金髮女外星人，身高較矮只約 1.75 米高。外星人這次用日語介紹自己名叫「昭尼爾」，跟家鄉母星的名字一樣。

昭尼爾邀請安井登上他們那艘小型飛船，直徑只有五、六米。開行十五分鐘後，便到了橫跨長野縣和富山縣的白馬岳之山頂（位於飛驒山脈北部，高 2932 公尺，日本百大名山之一）。

在那裏，昭尼爾帶安井到了另一艘較大、直徑約三、四十米的飛船參觀，看了控制室、食堂、存放物料室和會議室。這次參觀完畢後，他們便送安井回原處。

自從這次經歷後，安井一直期待會有第三次見面。不過，許多年過去，一直只有等待。一轉眼就過了十年。

十年後的一九七〇年二月某日，如常工作的安井終接收到期盼已久的心靈感應，是昭尼爾約他在岡山市一處郊區會面，見面後又帶他到了白馬岳山頂。

安井這次參觀了設在白馬岳山頂的基地。在基地裏，昭尼爾投射了很多影像給安井觀看，其中印象最深刻的是昭尼爾的母艦。

這艘母艦巨大得不能一眼看盡，全長五、六十公里，雪茄形狀，用作往返恒星之間。母艦的內部就是一個世界，明亮如白天，郊野區域自有山脈、森林和湖泊；城市地區裏四方形、橢圓形的高樓大廈比比皆是，半空中充滿各式小型飛碟穿梭往返。而且在母艦上不只安井一個地球人，還有其他國籍的地球人。

在事隔一年後，安井在第四次見面時有幸乘坐了這艘母艦到「昭尼爾星」考察。「昭尼爾星」的環境跟地球很相似，有城市、山脈、海洋、湖泊、草原和荒野，但所看見的景色或物種都似是放大了數倍。

「昭尼爾星」不像地球般會自轉，天上看到的太陽比在地球上看到的巨大很多，太陽的熱力卻不怎麼熾熱。「昭尼爾星」的植物都很肥大，有如芭蕉葉般的草和闊大的樹葉，就連動物的體積也較大，例如那裏有一種像松鼠的生物，體積就有如地球的棉羊般大小。

安井逗留在「昭尼爾星」已近一星期。當他站在城市中心時，發現到一個有趣的現象。他剛剛才看到的建築物好像一瞬間就消失了，正心裏狐疑。昭尼爾似看透了他的疑慮，面帶笑容以心靈感應解答：「剛才你看到的建築物，全部都是由飛碟組合而成，他們如有事要處理，就會分體再前往自己所需要的目的地。」

「昭尼爾星」的社會結構

昭尼爾爲安井準備了膳食。那裏有一款飲品跟地球的可樂很相似，但又不盡相同，是甜的。吃的是以粟米等穀物所做的麵包，亦有肉湯，湯裏的肉煮得很軟稔，湯質很稠，十分美味。用餐後安井跟昭尼爾的對話提及了這個星球的社會結構。

安井：「請問你今年多大？」

貌似三十多歲的昭尼爾：「一萬歲左右，平均壽命爲三到四萬歲。」

安井：「你們星球有多少個國家？」

昭尼爾：「只有一個國家，所以沒有你們星球的紛爭。」

安井：「你們需要上班嗎？」

昭尼爾：「我們沒有這個概念，我們有各自的任務，但沒有所謂工資，如果我們需要任何東西的話，只需前往指定地點領取便可。」

安井：「你們有婚姻制度嗎？」

昭尼爾：「有基本上一夫一妻制。」

安井：「居住方面怎樣呢？」

昭尼爾：「每個人或家庭都獲分配一艘飛船，我們居住在飛船上，好像你剛才看到的一樣。我們星球上的建築物大部份都不固定的，幾乎全部都可以分體及移動。」

兩人對談後，還跟其他昭尼爾星人一起浸浴，看來這方面的文化跟日本的是比較接近。

這次參觀後，安井眼界大開，但自此外星人再沒有用有心靈感應聯繫過他。安井後來將這十多年間與昭尼爾星人相遇及在那個星球上的所見所聞告訴了數名 UFO 研究者，並輯錄成書。至於安井曾說過在昭尼爾星遇見其他國藉的地球人，他在書中以不便爲由拒絕透露。

日本史上三大 UFO 事件之一：一九七二年捕獲 UFO 的「介良事件」

發生時間：一九七二年八月至九月
發生地點：高知縣高知市介良區

被譽爲日本史上三大 UFO 事件之一的「介良事件」，日本傳媒普遍喜歡使用「捕獲 UFO 事件」來介紹此事。不過，此個案一直備受爭議，不少傳媒對事件的眞確性存疑。大家姑且看看事發經過，再作定斷。

這是一宗連續發生的事件。事件的主角是一班初中學生，以初中二年級學生野村尊應爲主。地點介良區當年是新開發的農業區。

事發在一九七二年八月某一個黃昏，野村和兩名同學在回家途中，看見遠處有東西在稻田上飛行，起初以爲是蝙蝠，後來發現那個東西會發光，因爲好奇，凝視了一會，豈料物體瞬間移動，嚇得大家逃跑回家。

幾天後，野村和數名同學，埋伏在稻田不同位置，試圖捕足

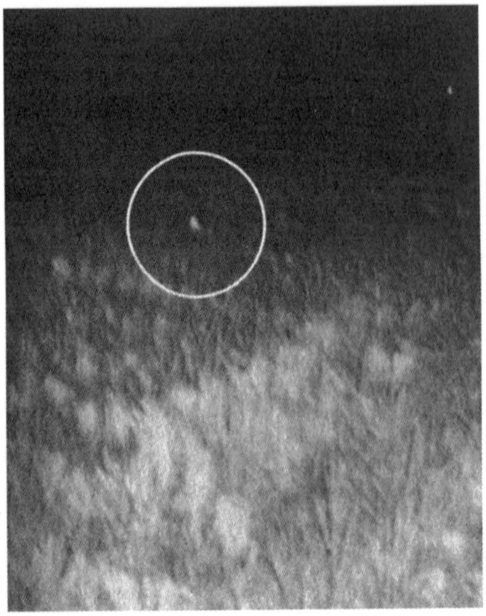

據講這是唯一一張拍下那隻不明飛行物體的照片，可見到稻田中有一點光。(圈着的地方)

之前看到的不明飛行物體。幸運地那隻不明飛行物體再次出現，他們立刻用磚頭擊之，又拿起來猛烈搖晃，搖得物體發出奇怪聲響，大家又嚇到馬上逃離現場。

在差不多同一時間，另一名中學生野中，在家二樓溫習時，被窗外強光吸引。他望向窗外數十米，看見天上有一條光柱照射到地面，光線的闊度大概爲六十厘米左右。由於畫面非常震撼，時至現在仍住在家鄉的野中，接受訪問時，表示至今記憶還是相當鮮明。

時間回到野村和同學埋伏不明飛行物體之後的第二日，他們繼續到稻田埋伏。今次，其中一個同學帶了相機，希望可拍下那不明飛行物體。守候一會，不明飛行物體又再在田裏出現，它一直向左邊迴旋，底部還放出紅橙色光。正當那個同學要舉機拍照時，快門不知怎的動也不動，連番嘗試仍拍攝不到。他們惟有輪流在稻田守候，如有任何發現，便即時通知大家，進行搜捕，想要抓起來，再慢慢拍照。

又過了幾天，不明飛行物體又在稻田中低飛。守候的同學繞到它後面，用布袋套起它，另一個同學就用磚頭擲向它。野村推測，它沒有在雨天出現過，而且機械應該怕水的，於是拿起水桶

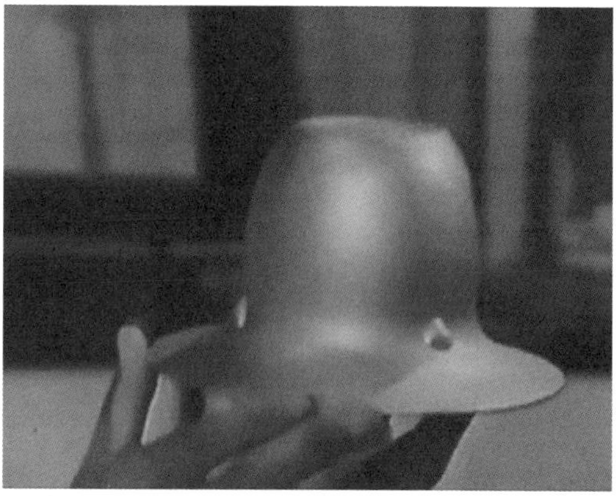

七十年代的神秘學節目「星期四 Special」，節目工作人員根據不明飛行物體的描述而製作的小型飛碟。

向它淋水，果然困在布袋內的不明飛行物體變得動也不動。他們又怕得各自逃回家。

翌日，他們又回到稻田，小心翼翼地接近那個布袋，確認過布袋里的不明飛行物體沒有任何動靜後，野村自告奮勇把它帶回家。

其間，野村知道藤本同學的父親對他們發現的不明飛行物體感到好奇，便用膠袋包好，帶到藤本同學家，讓其父親看看。不過，藤本父親看過後，認爲這是一個煙灰盅的模具，不相信是外星科技。

野村同學之後回家，又叫了另一個同學來家看不明飛行物體，還吩咐自己的弟弟用咕啞壓在布袋上，而且要嚴加看守。野村弟弟便一面看漫畫，一面看守着。他曾觀察過咕啞下的布袋沒有出現異樣，亦沒有人靠近。但當同學來到，野村想拿出不明飛行物體時，卻不翼而飛。

剛巧另一名O同學數小時後在野村家玩耍，當他想拾回跌落樓下的皮球時，便在野村家樓下發現了那隻不明飛行物體，再把

筆者在 2017 年時，從日本拍賣網站找到了一張照片，和那隻不明飛行物體十分相似的煙灰缸，那個款式是七十年代的產物。

它帶回野村家中。

野村取回那隻不明飛行物體，決定要即刻進行一場紀錄和實驗，並吩咐在場的同學們分工合作。

不明飛行物體的外形像一個倒轉了、當時七十年代出品的煙灰盅。表面是啞身的銀色，長十厘米，圓形底部的直徑十八．五厘米，重量一．五公斤左右。底部有數十個直徑約三毫米的小孔，從小孔中窺探進去，內有一些線材和類似機械組件的東西，而底部還有一些波紋狀和不明的圖案。

野村嘗試用螺絲批撬開底部，但不果。另一個同學則用紙鎮大力敲打了數下，又倒了兩大杯水進去。這時不明飛行物體從內裏發出吱吱細響，但沒有水溢出來。

野村試圖放它進微波爐加熱，但遭媽媽以衛生理由制止，着他們放進雪櫃保存。而在旁的野村爸爸正打算舉機拍照，這次也不成功，相機快門一動不動。

野村爲了讓更多同學知道這不明飛行物體，決定把它帶到其他同學家。他先把它封在透明袋內，用針線縫好開口，再用繩纏在弟弟的手臂上。野村騎着單車，載上弟弟出發。

途中，弟弟感到透明袋內，有一股非常巨大的力量在開始掙脫，更將他從單車扯倒在地上。野村顧不了弟弟的傷勢，第一時間檢查袋裏的不明飛行物體，怎料再次不翼而飛。然而奇怪的是，剛才用針線封好的開口仍是原封不動的。自此以後，那隻不明飛行物體再沒有出現過在這班同學的面前。

事件吸引了當地電台報道，自報道出街後，很快席捲全國，掀起話題。不少科幻作家、電視台、雜誌都爭相採訪。這件事成爲了七十年代初家傳戶曉的 UFO 新聞。

其中七十年代的神秘學節目「星期四 Special」曾經報道過此事，更重組整件事的發生經過。以下是有關節目的 YouTube 連結：

https://www.youtube.com/watch?v=l0wsFlq2IR0

時至現在，這件事件仍然吸引了不少 UFO 愛好者慕名到介良參觀，爲當地帶來了額外收入。事件中的野村，現在任職朝峯神社的宮司，即神社負責人。他早年仍有接受訪問，最近一次是二〇一二年九月刊載的神秘學雜誌《MU》。至於當年有份參與的同學，現在寧願隱姓埋名，不願意接受訪問。

1970 年代，日本第一次超自然現象熱潮

日本第一次超自然現象熱潮

時代背景

日本在一九四五年敗戰後，經歷了一段經濟高速增長之路，日本人對國家的信心慢慢恢復過來。一九六八年的國民生產總值更超越了西德，僅次於美國，全球排名第二。當時的日本人對未來是充滿希望的。

惟步入七十年代後，受到各種國際政局因素影響，加上石油危機，所有和石油有關連的產品價格都飆升起來，之後甚至連跟石油沒有直接關係的生活日常物品都受到影響。家庭主婦因爲不安，不斷搶購廁紙和洗潔精等生活物品，最終導致紙資源不足，各周刊和漫畫雜誌都被迫減少頁數或縮小文字大小，以增加版面空間。

在這樣的大環境下，人們都開始爲將來擔心起來，開始產生負面情緒。在一九七三年，一本名爲「諾查丹瑪斯的大預言」出版，旋即成爲最暢銷書籍。自此日本民衆開始關心超能力、UFO 個案、鬼魂或魔鬼、不明物種生物、命理（天中殺）、口裂女、災難或超古代文明等等，掀起了七十年代超自然現象熱潮。

「ノストラダムスの大予言

「人類滅亡」信じ

ノストラダムスの
大予言
五島 勉

『ノストラダムスの大予言』（祥伝社）などのベストセラーで知られる作家の五島勉（ごとう・べん、本名・後藤力＝ごとう・つとむ）さんが、6月16日に誤嚥性肺炎のため埼玉県内の病院で90歳で死去していたことが22日、分かった。当時の子供たちに甚大な影響を与えた「人類滅亡」の予言を五島さんは信

雑誌ライターなどを経
73年に出版した『ノス
ムスの大予言』では、16
ランスの医師の詩を《一
の年、七の月、空から恐怖
が降ってくる》と訳し、
月に人類が滅亡すると解
内容が250万部を超え
作となった。シリーズ累
0万部を超え、映画化も

作者五島勉於2020年過逝，當時報章也有報道，並介紹他所寫的 銷書「諾查丹瑪斯的大預言」。

預言書熱潮

「諾查丹瑪斯的大預言」一書，作者是五島勉，由祥傳社出版。書的內容是依據十六世紀法國籍猶太裔預言家、占星士諾查丹瑪斯(拉丁語名：Nostradamus)的預言著作《百詩集》爲藍本而寫成。

著作是以四行詩句的形式寫成的預言書，神祕難測，因此對於詩句是否能夠準確預言，一直以來都存在爭議。

其中以「一九九七年恐怖大王從天而降⋯」這詩句，帶出了世界末日的恐懼，當時震撼了整個日本列島，大人小朋友都爲這本書的內容而着迷，結果銷量超過二百五十萬本。

打後的七十年代裏，不論電視節目、漫畫、動漫等都紛紛加入了超自然事物的原素。

動漫如「三一萬能俠」、「巨靈神」、「勇者雷登」等，加入了如地底爬蟲族、UFO或超古代文明的故事情節，增加內容的吸引力。

電視節目上增多了如「星期三Special」、「星期四Special」等探討超自然現象的節目。

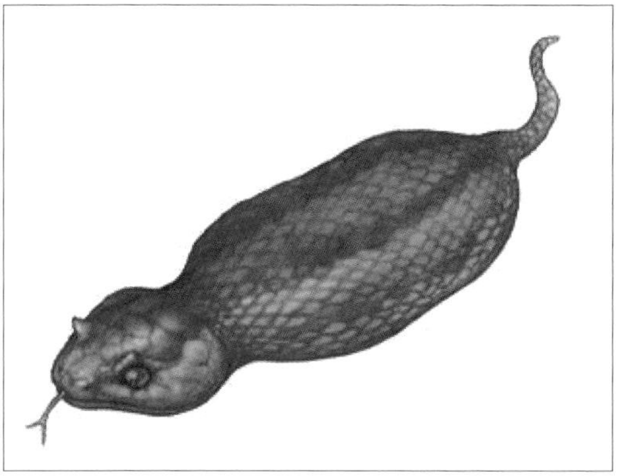

「槌之子」爲日本一種類似蛇類的傳說生物。

受到漫畫及電視節目的帶動下，掀起了幾波追尋超自然物的狂熱，包括尋找「槌之子」熱潮和通靈遊戲「狐狗狸」的興起。

尋找「槌之子」

「槌之子」是未確認生物「UMA」(Unidentified Mysterious Animal)，外型似蛇，身體中央較爲肥大，有跳躍能力，據說可以跳起兩至五米高。

有關「槌之子」的記載，最早可追溯至繩文時代(日本舊石器時代)，在出土的石器上有槌之子的形狀。而江戶時代亦有書記載了其外形描述。時至近年，亦多次有目擊槌之子的報告，但從未有人活捉到牠。

作家田邊聖子於一九七二年在《朝日新聞晚報》連載了一個關於想捉到「槌之子」的小說故事，不久後小說被拍成連續劇，變得全國皆耳熟能詳。

一九七三年，暢銷漫畫家矢口高雄，推出以「槌之子」爲主題漫畫《幻之怪獸槌之子》，將尋找「槌之子」熱潮持續發酵。

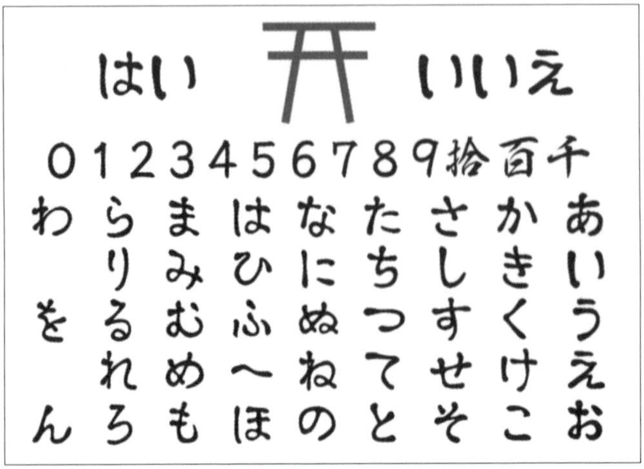

「狐狗狸」用具

多啦A夢也摻了一腳，於一九七四年刊登的《多啦A夢大全集》第四集中，就有講述大雄糊裏糊塗地捉到了「槌之子」卻又放生了的故事。

那段時期，小朋友和年青人都相當熱衷尋「槌之子」，更有百貨公司或地區團體以高額懸紅給捕獲者，令日本全國陷入一片尋找「槌之子」狂熱，風頭可謂一時無兩。

通靈遊戲「狐狗狸」興起

一本以靈異爲題材的恐怖漫畫《うしろの百太郎》，其中一期介紹了「狐狗狸」的遊戲後，不少學生和青少年們都沉迷其中。每當小息或放學後，大家都會拿出來玩耍，令當時的學校老師和家長相當頭痛。加上傳媒的輿論壓力，最終令教育局頒佈全國小學禁止攜帶和遊玩這款遊戲。

這個通靈遊戲的日本名字爲「こっくりさん」，漢字爲「狐狗狸」，就是參與者把五円或十円硬幣放在一張紙上，上面寫着「是」、「否」、「鳥居」、「男、女」、「數字」和五十音平假名的字體，把手指放在那硬幣上，然後說出「狐狗狸、狐狗狸」，硬幣就會動。情形就如本地流傳的「碟仙」相類似。

據專門研究這款通靈遊戲的學者井上円了的調查，這個遊戲源於西方的 Table Turning，近代稱爲「Ouija Board」。最早可追溯到一八八四年，有一些美籍船員把這款通靈遊戲帶進伊豆半島，介紹給民衆，從而在日本各地流行起來。

至於「狐狗狸」名字的由來衆說紛紜，有說是取這三個漢字的「音讀」組合而成，亦有說召喚狐狸的靈體而取得名。日本統治朝鮮和台灣時，都有把這款遊戲帶到當地，所以兩個地方都有玩這通靈遊戲的文化。朝鮮稱爲「分身娑婆」，台灣則稱之爲「碟仙」，比廣州和上海的「科學靈乩圖」還要早。

此外，一九七四年專門介紹各類超自然神秘學的王牌節目「星期四 Special」，曾請來以色列魔術師尤里・蓋勒(Uri Geller)表演用念力來扭曲匙羹，把超自然現象熱潮更推上一層樓。後來主持人矢追純一更成爲了各種超自然現象或 UFO 解說的代言人。

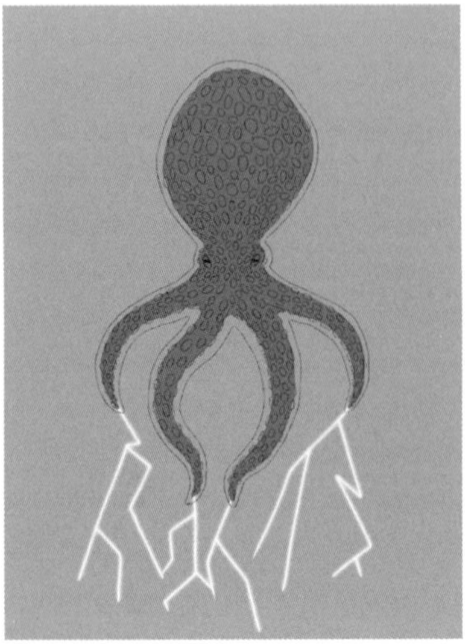

藤原看見一個像極八爪魚的生物

日本史上三大 UFO 事件之二：一九七四年遇上八爪魚外星人事件

發生時間：一九七四年四月六日下午三時左右
發生地點：北海道北見市仁頃町

事發在一九七四年四月六日，主角是二十八歲的農家藤原由浩，居住在北海道北見市仁頃町。

當日凌晨三時左右，藤原正熟睡，卻被突如其來的敲門聲和狗吠聲弄醒。藤原以爲是小孩的惡作劇，半夢半醒下打開大門。誰知道門開了，眼前的景象卽將改變他一生。

藤原看見的是一個像極八爪魚的生物，頭部又大又圓、眼角微微向上，V型鼻，約一米高。全身似包了透明膠袋，還散發着一陣令人難以忘掉的惡臭。雖說像八爪魚，但只有四隻爪。戴着藍色頭盔，頭盔上似有一條天線，有電流運行全身。

看到如此景象，藤原嚇得魂不附體，動也不能動，原地與「八爪魚」互相對望了好一會兒。「八爪魚」舉手向上，上空一艘大約直徑八米的飛碟發出悠悠橙光。此情此景，已嚇得不輕的藤原害怕得想退回屋內，但不知爲何雙腿似被不知名的力量牽制，而且力度越來越大，大得可以硬生生把他由屋內穿牆透壁，吸進飛碟內。

藤原再張開眼時，已經在飛碟內，眼前有兩名八爪魚外星人（由此開始稱「八爪魚」爲八爪魚外星人）。他們用心靈感應方法告訴藤原「沒有危險的，承諾會讓你回家」。藤原仍然非常害怕，於是打開飛碟內的逃生門一躍而下，幸好飛碟只離地三米，即使墮地，藤原也沒有受到太大的傷害。他舉目張望，原來已離開家門約三公里之外。這是他第一次登上飛碟。

翌日，藤原起床時感到頭痛欲裂，耳朵滾燙，開始感到意識模糊。模糊間，他不知在哪裏找來一支筆，開始書寫起來，但字形古怪。他心裏嘀咕：寫出來的似米索不達米亞的楔形文字，難道那些就是外星人的文字嗎？

就在此時，一把聲音跑進藤原的腦內說：「當飛碟到達那座山時，你自己過來乘坐。」藤原先生確信「那座山」就是指仁頃山。於是他馬上找來兩位朋友一同前往。

藤原一行三人開始登山，行至山腰，又有聲音跑進腦內說：「你一個人來便可。」藤原着朋友在這裡等他，便繼續登山。十數分鐘後，藤原突然感到頭上有一束熟悉的光線照射下來，他又被吸到飛碟去了。這是他第二次登上飛碟。

由於已有過之前的經驗，藤原今次不是十分害怕。他上到飛碟後，又嗅到那股熟悉的臭味，八爪魚外星人就在眼前。他立時環顧四周，發現飛碟內空間非常狹小，就像小矮人的部屋。

雖說藤原已是第二次被帶上飛碟，但說他完全不害怕也是騙人的。八爪魚外星人似看透他所想，用心靈感應跟他說：「不用害怕，我們不會傷害你。」接着又打開飛碟的部份天花，好讓藤原可以伸展一下頭部。

藤原稍爲定了神，看見打開了的天花，上面是一個操控室，那裏有一個外星人在操作着。

藤原實在不明白，於是在心裡向八爪魚外星人發問：「你們爲什麼要帶我上來？究竟是爲了什麼？」上層控制室就投映了一段日語出來，內容是「我們之所以來到地球，是因爲地球將會發生非常重大的事情，從數年前開始，我們就尋找能收到我們訊息的地球人。很可惜，你們有些地球人非常野蠻，我們有些希望接觸你們的同胞，遭到槍擊，身受重傷，所以我們只能夠非常小心地用心靈感應尋找，而且不會輕易出現在你們面前。結果你能接收我們的心靈感應，所以我們便找上了你，以後還會經常來找你，請你不要擔心。」

隨後，八爪魚外星人替藤原戴上面罩，再用心靈感應跟他說：「我們現在要出發了。」這時飛碟內部的牆壁變為半透明，不一會外面景色變為黑色，且佈滿繁星。再過一會，藤原看到灰色的陸地，還繞着轉了兩個圈。藤原心裏閃過一種想法：剛才是否到了月球？

返回地球後，八爪魚外星人又說：「我們會和你保持聯絡，記住你的左邊耳珠可以接收訊息的，右邊耳珠是用來傳遞訊息的。」藤原之後失去意識，被棄在仁頃山的某處。

之前跟藤原一同登山的朋友，等了很久，擔心藤原的安全，回家喚了家人幫忙搜索。剛好遇見正在山上拍攝的NHK電視台採訪隊，他們因為收到有人報稱在附近看到不明飛行物體，於是前來採訪。

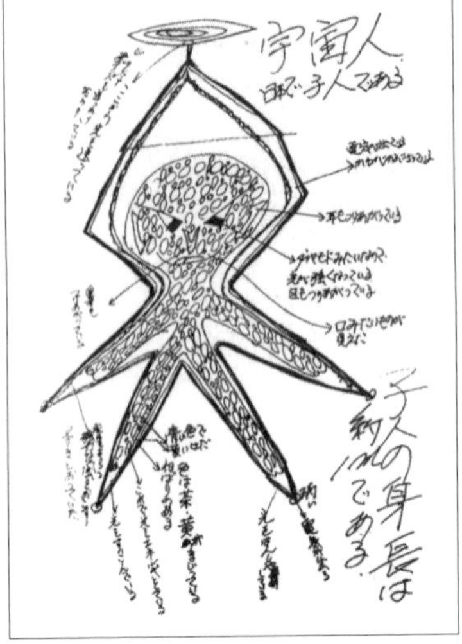

藤原所畫的外星人素描

藤原的朋友及採訪隊一行十多人，一邊高喊藤原的名字，一邊搜索。採訪隊亦開始拍攝，在山上搜索了個多小時，至夜幕低垂，搜索倍加難度。突然之間，有人看見一個發出紅色光的物體，在樹上數米處正不規則移動，大家便朝那個方向前進，結果就在附近找到了躺在地上的藤原。

過了數天，至四月十三日。藤原收到了訊息，吩咐他大約在下午五時半左右，到朋友家的後山等候，飛碟會過去接他。藤原鼓起勇氣在心裏面提問：「可否讓我的朋友到飛碟參觀？又或者之後可否帶點到過飛碟的證據給朋友看看？」八爪魚外星回覆道：「可以帶他到其他星球，拿一些證據送給朋友。」藤原於是按約定時間及地點，等待飛碟到來。這是他第三次登上飛碟。

登上飛碟之後，八爪魚外星人跟藤原說：「今次我們帶你去一個較遠的星球，跟上次一樣先把氧氣罩帶好。」這時，飛碟的牆壁再次變成半透明，從外面的景色可以知道，飛碟已飛離地球，向着浩瀚的宇宙進發。此時藤原沉醉於宇宙空間的景色，感嘆着宇宙的神奇及偉大。

不知過了多久，八爪魚外星人讓藤原換上一件如橡膠般、充滿彈性的衣服，再戴上透明的頭盔。「我們現正在木星的衛星——泰坦。（注：應該爲土星的衛星泰坦）」說畢，八爪魚外星人用了一條如消防喉的喉管連着藤原，送他到泰坦的地面。到達地面後，藤原醒起要拿些證據給朋友看，於是他用心靈感應發問。八爪魚外星人便把飛碟飛到接近地面，從飛碟中伸出一個夾子，從地上拾了一小塊岩石回飛碟內。

在飛回地球途中，其中一名八爪魚外星人把剛才那塊岩石交給藤原，並介紹其由來，接着又解釋他們是來自「沙蒙高露宇宙惑星連合」。（正義外星人組織名稱）

原來這些八爪魚外星人是來自一個距離地球二億五千萬光年，名叫「沙蒙高露星」的星球，而「沙蒙高露星」隸屬於「沙蒙高露宇宙惑星連合」。他們得到管理太陽系的銀河聯邦的同意，可前往地球考察。當第一批沙蒙高露星人來到地球，卻在遇見地球人時，遭受槍擊，造成傷亡。因此之後再來地球，也只會跟一些能接收心靈感應的地球人接觸，傳授宇宙的眞理給對方，好讓對方傳遞給其他地球人，讓地球人從靈性上逐步提升。

返回地球後，藤原帶着證據，跟朋友分享之前到木星和土星的遊歷。他的朋友又不斷跟身邊人提及他被外星人擄拐的事，一時間藤原在村內人氣急升，還接受了NHK電視台及不少傳媒的訪問。在一九七三年的日本，造成全國轟動。

自從與八爪魚外星人相遇後，藤原便有了特殊能力，可以彎曲湯匙，又可以寫出一些似是外星文字，而且藤原家的農田變得茂盛，經常豐收大作。

後來，藤原對外宣稱，外星人給他的任務就是要延遲天災易變發生，所以他要經常乘坐外星人給他的飛碟，深入地底進行任務。至於飛碟，他一直隱藏在深山裏，不止一艘，是共有三艘之多。

其後，藤原在家鄉北見，組織了一隊人員潛落地底，阻止火山爆發及地震。會員人數一度多達八十四人，並募集了捐款，以支持行動。

直至二〇二一年三月，藤原去世，享年七十五歲。

一九七四年摘下頭顱要求更換的外星人

發生時間：一九七四年九月二日

發生地點：岡山市國道途中

事件發生在清晨五時，居住在靜岡縣的貨車司機福田先生（有九年駕駛貨車經驗）載着一些家俬，從靜岡縣出發前往四國高松市，途中經過名古屋和大阪等地。

爲了趕及早上七時抵達，福田先生要先到宇野港乘坐汽車渡輪。因此他沿著岡山市內的國道二號線一直行駛，駛到港口前數公里的山路時，前方遠處突然竄出一艘發出耀眼銀光的物體，而且外圍有一圓環圍繞着，就像土星的外形般。那物體接着降落在公路左邊的一堆岩石上。

此時，福田先生的貨車像被一股無形的吸力牽引着，在沒有踏下油門的情況下，車子自動駛到那物體幾米前才停下來。

當車子完全停下後，眼前的景象令福田先生感到極大震撼！

女子拿出了一個跟她頸上一模一樣的頭來

那個發光體打開了門，走出了一名長頭髮、頭上有角的女性（由於是長頭髮，所以福田先生直覺上認爲是女性）。她朝着貨車越走越近，打開車門，直接坐到福田先生旁邊。福田先生嚇得傻眼，定睛再看發現眼前的這名女子，其長相十分奇特，臉上只有雙眼，沒有嘴巴和鼻子，身穿一件好像橡膠般的緊身衣。

這名女子接着開口說話，聲音像似機械人帶點規律般說：「我來到了地球已經好一陣子了，頭部情況好像出了些問題，麻煩你幫我替換過一個新的頭。」

事情發生得太突然，福田先生被嚇得不知所措，好一會都反應不過來。靜了半晌，稍爲定神後回答：「要如何替換呢？」

此時，這女子拿出了一個跟她頸上一模一樣的頭來，說：「在我頭部下面，心口位置有三個按鈕，用金屬針垂直貫穿，然後再按下按鈕，這樣便可以把新的頭裝上去。」

福田先生就好像被施了魔法一樣，自動按照這女子的吩咐，替她換好了新的頭。

換上新的頭後，這女子繼續和福田先生說話：「不用擔心，我們不是來侵略地球的。我們的星球發生大型災害，我們被迫乘坐太空船尋找其他可以居住的星球。之後我們的同伴發現了這裏，這裏很適合我們居住，我們的同伴通知我們來到了這個星球。」

福田先生好奇地問：「你們的同伴現在在哪？」「現在不可以告訴你，當你們可以理解我們的時候，我們將會派代表和這星球的代表進行會議商討，是否可以讓我們居住在這裏。」她說。

福田先生好奇：「爲什麼你們會懂得日語？」她說：「我們的科技遠比你們先進，我們的頭部都裝入了電腦，所以我們每一個人都擁有知道你們星球的任何事的能力。」

福田先生追問：「一直以來，有很多人稱在天空中看到很多閃閃發光的飛碟，那些飛碟都是你們的嗎？」她說：「是的。由於我們之前居住的星球，是一個沒有多少日光照射的星球，所以當我們來到地球的時候並不適應。我們的飛船是吸收宇宙中的光線能量作爲推動力，但太猛烈的光線會影響飛船的運作，甚至乎有可能會摧毀飛船。我們之前就有幾艘飛船，因爲吸收了過多的光線能量而焚毀墜落，所以飛船亦只能在晚上的時間活動！」

最後，她又說：「每一位我們遇過的地球人，之後我們都會再一次見面的。」語畢，女外星人便揚長而去。福田先生亦回復意識，發現自己連貨車已經在汽車渡輪上，再看看手錶是原定自己要乘坐的班次。

福田先生回家後，非常興奮地跟太太和兩名兒子說出早上的事情，但看來福田先生的家人並不相信這些荒誕奇談，還開玩笑地笑了一大場呢。

福田先生回到公司後把這遭遇寫在出差報告書內，而福田先生的上司看到內容，還讀出來給其他同事知道。同事們爭相取笑他好一段時間。

一年半之後，福田先生把這一次遭遇告訴了一本以 UFO 及外星人為題材的雜誌知道，該雜誌於一九七六年六月號刊出此故事。

究竟之後福田先生有沒有再和那一名女性外星人再見呢？根據福田先生事後回憶，在那件事數個月之後，在岡山縣一個名叫三石的地方再次看到那艘飛船，不過就沒有再次見面和交談的回憶。

一九七四年日本自衛隊戰鬥機疑被UFO擊落

發生時間：一九七四年六月九號晚上
發生地點：日本上空

事發當日晚上，陸上雷達偵測到有不明發光飛行物體進入了日本領空範圍，茨城航空自衛隊百里基地派出兩架戰機 F4EJ 前往攔截。

其間，基地要求戰機機師中村志雄和久保田四郎改變方向，追尋在東京上空中的不明發光飛行物體，那物體呈紅色並發出橙色光芒。當戰機發現目標後，馬上準備用二十毫米火炮鎖定目標攻擊，這時不明發光飛行物體立即上昇至三千米高空以避開攻擊。

一輪追逐之後，戰機和不明發光飛行物體懷疑相撞，兩名機師馬上緊急脫離戰機。中校中村志雄因降落傘着火而被燒死，久保田四郎則生還。

久保田四郎回到基地後，把發生經過和所見所聞一一向上司報告。可惜的是防衛廳、航空自衛隊內部等一律對外都三緘其口，所以當時的日本傳媒完全沒有報導過這宗意外的。久保田的上司甚至把這宗意外的檔案收藏了三年，直至久保田事後離職，跟外媒爆料爲止。

一直憤憤不平的久保田在一九七八年向美國媒體披露事件。《UFO Report 1978》三月号刊出，刊登了久保田把追蹤 UFO 的整個過程和對事件的理解。

久保田指：「在與 UFO 互相追逐的過程當中，我確信操縱 UFO 的一定是文明遠比我們發達的智慧生命。任務最初只是攔截懷疑闖入領空的蘇聯戰機，不久通訊塔要我們改變目標，要追查一艘閃閃發光的不明飛行物體。

那艘不明飛行物體，亮着紅色和橙色的光，是圓盤形狀的。數度急速衝着我們的戰機來，由於情況太過危險，中村中校被迫數度緊急下降和作出迴旋來避開。其後過了不久戰機被 UFO 撞毀，我們才迫於無奈放棄戰機，打開降落傘逃脫。

一想到中村中校的家人，我就不可以讓中村中校死得不明不白！我會盡我最大的努力，不讓這件事被繼續隱瞞。要通過外國的傳媒將這件事情原原本本的披露出來。」

即使外國傳媒披露了這次事件，但日本防衛廳只承認當日因爲緊急事故，需要派出戰機調查，至於其餘部份一概予以否認。在這事故後，航空自衛隊亦不斷發生遇見 UFO 的情況，公衆亦從這時起亦開始關注國防與 UFO 之間的關係。

佐藤守先生

一九七四年獲外星人拯救的自衛隊空軍

發生時間：一九七四年間

發生地點：日本九州

著名的日本軍事研究者佐藤守，年輕時曾爲日本航空自衛隊，服役時間在一九六三年至一九九七年間。雖然他從未接觸過 UFO 或外星人，但他從同僚或下屬口中，收集到大量 UFO 接觸個案。他退役後把故事輯錄成書，讓外界知道 UFO 是眞實存在，以及日本自衛隊如何處理有關接觸過案。

根據佐藤守的著作《自衛隊基パイロットたちが接近遭遇した UFO》中，有這樣的一個個案。故事發生在一九七四年間，佐藤的同僚 I 氏駕駛着 L 960 戰機進行軍事訓練，在高空中發現一架非常明亮的飛行物體，正好此時 I 氏的耳朵聽到有聲音說「快點回去」，I 氏也不知爲何順從聲音的指示折返基地。I 氏回到基地，向上級滙報剛才所有發生過的事。

I 氏後來越想越覺得奇怪，爲何他會聽從那把聲音的命令返回基地，而且更甚的是他沒有按照計劃完成訓練目標，上級聽完這樣的回報，卻沒有再深入查問詳情。

翌日，另外一名機師乘座Ｉ氏昨日駕駛的戰鬥機進行訓練時，機身突然間着火爆炸，該名機師當場殉職。專案小組調查事故起因，是由於引擎內部的部份組件金屬疲勞，在空中脫落，因而破壞了燃料管道，最後造成慘劇。

事後，Ｉ氏自己回想，如果當天沒有聽到那把聲音，恐怕殉職的可能是自己。雖然他不確定那一架明亮的飛行物體是否由外星人所操控，但在這件事情上確實是幫助了他。

佐藤守直至在退役後，才對其他人說出這個故事。因為他相信，如果當時向上層反映目擊或遇到 UFO 的話，有可能會被撤銷航空自衛隊資格，或被貶到地上工作，甚至會失去工作。要知道到目前為止航空自衛隊的人工及福利是相當不錯的，相信沒有人會願意這樣犧牲這份優差。

同樣是在空中工作的民航機界別中，也有類似傳聞，一旦機師向公司高層通報在空中遇到 UFO 等事情，便會遭到公司降職，或被貶任地勤工作。因此有說「目擊 UFO 的話題」在航空界中是重大的禁忌。

日本史上三大UFO事件之三：一九七五年甲府事件

發生時間：一九七五年二月二十三日
發生地點：山梨縣甲府市上町

「甲府事件」又是一宗家傳戶曉的UFO個案。繼「介良事件」後，這是另一件牽涉多個目擊者同時目睹UFO和外星人的個案，其震撼程度比起「介良事件」只有過之而無不及。

今次事主是兩名同爲七歲的表兄弟山畠克博和河野人君，兩人同爲小學二年級學生，就讀於甲府市立山城小學。

事發當日，正值家庭聚會。過了六時後，山畠爸爸見兩個男孩子還未回來，便追問太太他們去了哪裏？正當山畠媽媽打算出門查看時，就看見兩人面帶驚慌，一邊大喊着：「UFO！UFO！」一邊跑向家門。

山畠媽媽不明所以，問道：「你們在說什麼？什麼UFO呀？那麼遲才回，來快點進去吃飯。」但兩人今次的反應和以往不同，

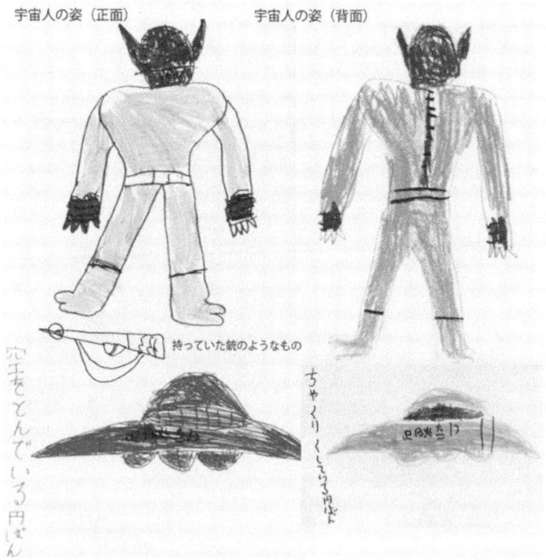

當年兩個小朋友畫下他們目睹的外星人及飛碟的外貌。（摘自《UFO 和宇宙》1975 年 6 月號）

兒子山畠克博拉着媽媽的手說：「這是眞的，媽媽你跟我來看看。」

於是山畠媽媽和河野媽媽只好跟隨他們，很快便走到葡萄田附近。順着河野用手指着的方向，在葡萄田中央，看見一隻發出橙色光的飛行物體，正懸浮在半空，而且不斷旋轉，光源每隔五秒時強時弱的輪流交替閃動，類似警察巡邏車發出的閃光般，但又不盡相同。河野媽媽決定回去，把爸爸們帶過來。

兩個爸爸爲了安全起見帶備木棒，以最快速度跑去查看，只可惜到達時，UFO已經消失得無影無蹤。河野爸爸帶有半點疑惑，再問兩個小朋友：「你們是否只是看到人魂？」兩個小朋友異口同聲道：「外星人眞的從那裏下來，是眞的！」

翌日（二月二十四日）兩個小朋友如常上學去，每見到同學，便把昨天遇到 UFO 和外星人的事情一五一十地說出來，又畫下飛碟和外星人的外貌解釋給同學們知道。

兩人的班主任上田先生很快就得悉事件，於是向校長報告。校長金子信吉馬上通知了山梨日日新聞社。

根據目擊者描述所繪製的外星人肖像

不久後，新聞社的記者前來採訪山畠和河野，並跟隨兩個小朋友，來到葡萄田現場。記者先請求葡萄田的主人檢視一下肇事現場有何異狀。田主發現，田裏有一條用混凝土做的柱折斷了，另一條有擦過的痕跡，泥土上亦有明顯被條狀的重物壓過而留下的小洞。

記者了解過現場情況後，就轉向查詢山畠和河野當日事情發生的來龍去脈。

二月二十三日星期日下午，兩人在河野家附近的空地玩滾軸溜冰。其間出現了兩隻發出橙光的飛碟，向東面方向飛行。他們因為好奇，凝望了一段時間，發現兩隻飛碟大小不一。其中一隻飛碟在他們頭頂繞了一圈，再向他們的方向飛過去。

由於距離相當接近，兩人看到飛碟的底部中間位置有個圓筒形的凸出物。當那個突出物有所動作時，便發出奇怪聲響，兩人擔心可能受到攻擊，所以跑到附近的墳地，匿藏在墓碑後作掩護。

兩人從墓碑後探頭，觀察着飛碟的走向。過了一會，較大的

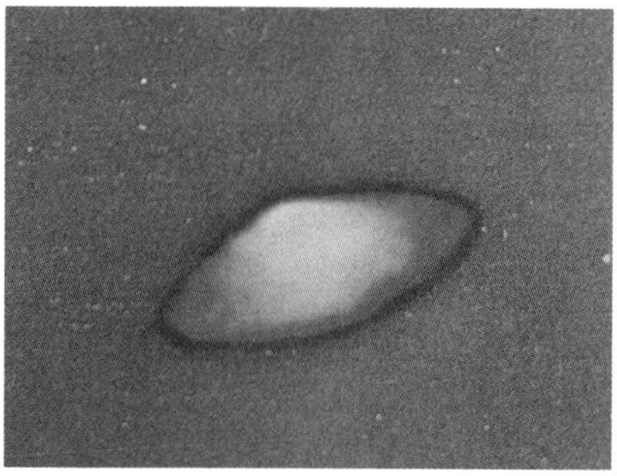

這是美國猶他州聖喬治飛碟。（摘自《UFO 和宇宙》1975 年 6 月號）

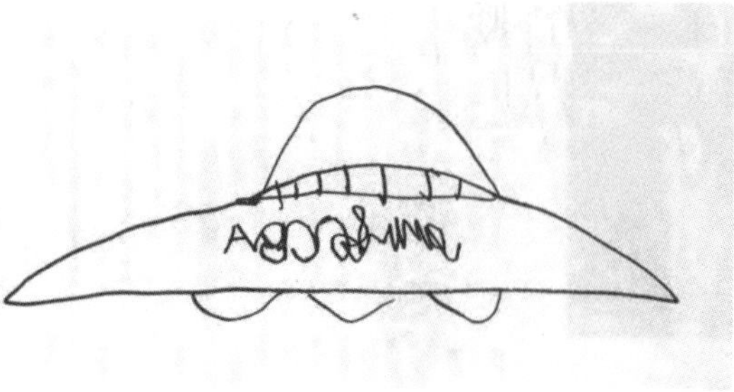

河野所畫的飛碟外觀。（摘自《UFO 和宇宙》1975 年 6 月號）

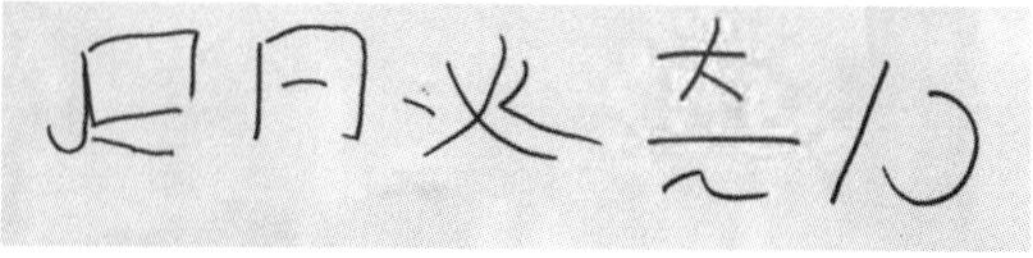

飛碟上的文字。（摘自《UFO 和宇宙》1975 年 6 月號）

飛碟向愛宕山方向飛走，另一隻則向葡萄田方向移動，漸漸飛離他們的視線。

兩人確認過安全後，便離開墓地，走回家。路上，看見六、七十米前的葡萄田中間，停泊了一隻發出橙色光的飛碟。

在強烈的好奇心驅使下，二人趨前看過究竟，近距離觀察約有五分鐘之久。飛碟直接停泊在地面上，約二．五米長、一．五米高，下方有三個半球體狀的推進器，每個高度大約爲二十五厘米左右。機身是銀色的，兩旁上面都寫了幾個黑色似是文字的東西（見上圖），另圍繞了一排發出藍色光的窗。

記者於是取出數張飛碟照片和書籍，讓兩個小孩確認會否有相似或相同之處。當揭到第九頁介紹美國猶他州聖喬治飛碟時（上圖所示），山畠便馬上指着圖片說：「就是這款了，就是這款了，連顏色都一模一樣！」

接着，記者展示「佐治亞當斯基型」飛碟的照片，指着圖片中飛碟圓形的頂部，問道：「頂部是這樣的嗎？」山畠又馬上回答：「頂部不是這樣的，而且機身的窗口不是圓形的，而是四方形連着一排，底部的正中央沒有那麼大的東西，而是三個半圓球狀的推進器。」

兩個小孩又繼續說，他們各自循相反方向繞着飛碟轉了一個圈。飛碟的門突然打開，伸出一條樓梯，有人從飛碟走出來。站在飛機另一面的山畠說：「我只聽到好像有打開門的聲音，之後就有人從後面拍了我膊頭兩下，說了些像錄音帶播放的聲音……」他回頭一看，看見一個身高約一百二十至一百三十厘米，有着啡色皮膚，滿面皺紋，看來像戴了面具的人。他的口裏有三隻銀色尖牙，耳朵如兔仔般又尖又大，戴着啡色手套，只有四根手指。他手中持着一把類似槍的物體，腳部則穿上一雙前端開叉的長靴。

由於山畠太過害怕，他情急智生慢慢倒在地上扮死，希望可以逃過一劫。他躺下後，微微打開眼睛，偷看外星人的一舉一動，待外星人走開後，山畠便爬近河野，希望跟河野一起逃走。

當山畠爬到飛碟另一邊時，透過飛碟已打開的門，看到裏面還坐着一名外星人，正拿着操控桿操控着似的，後面牆壁裝有很多像似儀表的東西。就在他注視着飛碟內部的當下，裏面的外星

有教授在事發地點，進行放射性能量檢測研究。(摘自《UFO 和宇宙》1975 年 6 月號)

人突然扭頭過來望着他，嚇得山畠大叫：「河野，快逃啊！」接着，就是兩人跑向家門，向媽媽大喊「UFO！UFO！」

在整個訪問中，山畠和河野表現得非常自然和開心。兩人敍述的事情一致，而當記者弄錯部份內容時，他們很快指出錯誤。因此記者相信山畠和河野沒有說謊。

其後，一名在高校任教電器科的教授，擁有國家第一種類放射性研究資格，因爲對事件感到莫大興趣，帶同數名學生前往現場量度放射性數據。

教授在飛碟降落地點採取樣本後，得出的化驗結果是，樣本的放射性數據「比自然的放射能量爲多，相對半衰期十分之短」。

半衰期是指，某種特定物質的濃度經過某種反應降低到剩下初始時一半所消耗的時間。在自然界存在的放射性物質的半衰期一般較長，例如炭十四的半衰期爲五千七百年。

不過，該教授就沒有把飛碟降落地點的土壤和那幅土地的原本土壤作出比較分析。

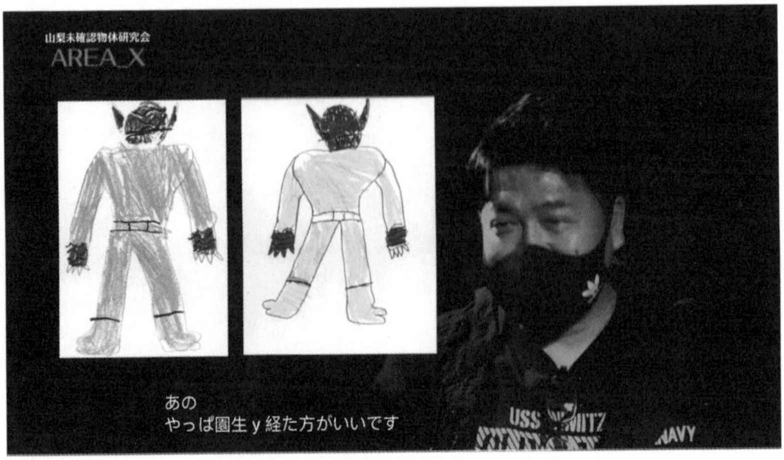

已年過 50 的山畠克博，近年接受網絡頻道訪問。

其他目擊者

記者訪問完山畠和河野後，繼續留在當地，訪尋其他目擊者。就在河野家東面三百米處有一間環境中心，該處有一名叫厚芝君夫的管理員。他跟記者表示，在二月二十三日下午六時三十左右，他聽到中心外有狗吠聲，便循聲音方向走到旁邊的工場，但沒有任何發現，正打算回頭時，卻看見工場的屋簷下，有黃色發光體向外移，很快又躲起來。

由於他從未見過這樣的景象，便緊緊盯着屋簷，好一會也沒有動靜，就稍微看向別處，就發現了一個發光體。那個發光體比天上最光的星還要亮，一閃一閃的，並慢慢向北面方向移動。看了一會，他決定先快速吃過晚飯再看，儘管他只花了五分鐘，但回頭已不見那個不明飛行物體。

翌日厚芝先生看到新聞報道，他相信自己昨晚看到的，很可能跟兩名小朋友看到的是同一個不明飛行物體。

此外，還有數名住在現場附近的居民、寺廟主持都聲稱在二月二十三日前後，有見過發光的不明飛行物體。

無獨有偶，1972年出品的鹹蛋超人七星俠裏，在第47話登場的霍克星人，巧合地也是滿面皺紋和有又大又尖的耳朵，跟山畠和河野描述的很相似。

到了一九八二年，有一位女保險從業員，在朋友的鼓勵下，決定寫信，把七年前所見的事，告訴電視台的深夜節目。

當年，那位女保險從業員因爲工作，駕車到了事發地點附近，經過一條狹窄小路，遇見了有兩名似是中學生的男子。他們大約一百三十至一百四十厘米高，外貌非常奇怪，就像化了妝的非洲部落土著一樣。

由於他們擋着去路，她響了咹，對方沒有反應，只好慢慢駕駛。當駛至一半時，其中一人用手貼向擋風玻璃，把頭挨近擋風玻璃往車內看，跟女保險員四目交投了五、六秒。她清楚看到，那人滿面皺紋，沒有鼻樑，手掌是黑色的，且佈滿皺紋，就像烏龜的爪一樣。當那名男子退回路邊時，她可看到另一人同樣有着奇怪的外貌。

嚇倒了的女保險員繼續向目的地前進，駛至十字路口時，看到幾個手持木棍的大人和兩名小孩。當中一人示意她打開車窗，問她剛才有否看到UFO。她因爲正趕時間，只簡單回答沒有便離去。事後，她看到新聞後，就推測那天晚上遇到的應是外星人了。

當年事件十分轟動，不少傳媒爭相報道。多年下來，亦曾引來不少質疑的聲音。事發距今已四十七年，已年過五十的山畠克博近年接受了網絡頻度的訪問，指事件是千眞萬確的。這讓已沉寂一輪的事件再次在日本掀起話題。

以下是有關受訪片段的連結：

https://youtu.be/sDTOmoauzRg

第四章

當代神秘個案

一九七五年在東京鐵塔看到UFO的青年

發生時間：一九七五年四月七日下午四時三十

目擊地點：東京鐵塔的上空

一向很喜歡超自然事物的青年齊藤莊一，參加完開學典禮後，乘坐巴士前往東京鐵塔旁的十二電台錄影廠參加超自然研究節目錄影，和工作人員進行簡單會議後便離開。乘着難得來到東京鐵塔的機會，當然要去參觀一下。大家一般都會去距離地面一百五十米高的大展望台欣賞東京市景色，可能當天天氣特別好，齊藤要更上一層樓，便直登距離地面二百五十米高的特別展望台觀看。

其實，齊藤時不時都會看到UFO，所以他認爲去高一點的地方，無論看什麼都可以看得清楚一點。齊藤投入二十円進投幣式望遠鏡，馬上把焦點投向東京灣。那裡有一座外形建築成船的建築物「船之科學館」。

齊藤很快就看到「船之科學館」上方出現了一隻會發閃光的物體，於是馬上把焦點移到UFO上。齊藤細看之下，感到很驚訝，

這是亞當斯基形飛碟（圖片片摘自 UFO 網站：
http://www.zamandayolculuk.com/adamskiresimler.htm）

東京鐵塔

UFO 發出的光很有節奏，就像呼吸一樣的一起一伏的。UFO 的外觀接近和亞當斯基形飛碟，而且可以上下左右不規則移動。

經過一輪追蹤，齊藤終於可以穩定捕捉了 UFO 的位置，把焦點調校好後，可以清楚看到，UFO 圓形頂部發出紅色光芒，窗口部份分開兩種，左手邊的窗是圓形，而右手邊的則是四方形，同樣發出青藍色光芒。UFO 的機身好像包了一層半透明或霧狀似的外層，估計是防護網的物體。UFO 下方正中央好像噴射出一種帶狀氣流，可能與 UFO 所使用的能量有關。

齊藤此時再聚焦在 UFO 的窗口位置，右邊的四方形窗口裏面好像是倉庫，而左手邊圓形窗口裏面則好像看到一個人影，那人站在窗邊，突然之間舉起左手，感覺就好像和外面的人打招呼一樣。由於距離實在太遠，不能夠分別那個人的外貌、輪廓和性別。

這時候，齊藤想到要拿出相機，貼着望遠鏡來拍攝 UFO，迅即按下三下快門，之後又再拿起望遠鏡追尋 UFO 的影蹤，可惜那架 UFO 已消失得無影無蹤。

齊藤離去後，急不及待把照片沖曬出來，但令人失望的是還是拍不到那架 UFO，但卻是意外地拍到幾點小光點。雖然這一次齋藤沒有拍到非常清楚的 UFO 照片，但是這一次的經驗令他更加確定了是有不明飛行物體或超高文明的存在。因此，他畢業後更加入了 UFO 雜誌的公司工作。

☆宇宙人の不思議な言葉

北野惠寶（圖片來自 UFO 和宇宙 1976 年 2 月号）

一九七五年僧侶紀錄下外星人給地球人的忠告

發生時間：一九七五年七月二十二號凌晨

發生地點：廣島縣三原市

日本佛教眞言宗金剛派的大僧北野惠寶（八十歲），當時留宿在廣島縣的佛通寺，正在熟睡中。約在凌晨一時至二時間，腦內忽然聽到聲音說「朋友起來嗯嗯卷呀吧」。北野大僧便起來，發現有強光透過窗簾打進房內，聲音又說「把窗簾打開」。

打開窗簾後，寺廟上空出現了數道奇妙的發光物體。發光物體是圓盤狀，在空中盤旋一會，其中一隻發光不明飛行物降落在佛通寺八合目一塊大岩石上，但沒有伸展任何支架着陸。

那天晚上是滿月，天朗氣清，視野非常清晰，那艘不明飛行物就像傳聞中的飛碟，直徑大約有十餘米。有人從飛碟上方的門走出來，外貌和人類非常相似，皮膚深啡色，身穿長袍，一般成年人的身高，以步行的姿態來看，與人類無異。

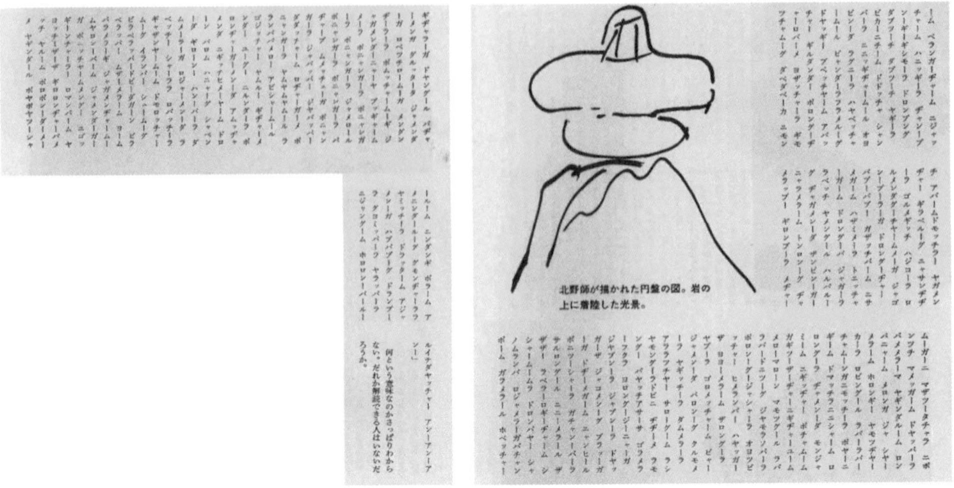

北野惠寶所抄下的外星文（圖片來自 UFO 和宇宙 1976 年 2 月号）

那外星人以心靈感應向北野大僧說話，其聲音聽起來就像在電話裏發聲一樣，而且十分清晰。外星人着北野大僧拿出筆記簿，把他將要說的話一一記錄下來。北野大僧身邊沒有筆記簿，便拿出一疊原稿紙準備記錄。

剛開始時，北野大僧感到好像有一股電流通過，帶點麻痺感覺。由於他完全不明白說話內容，只能用片假名記下外星人的發音。每當聽不清楚時，外星人都會重複一次。最後，北野大僧用了十九張原稿紙，共抄下了三千五百七十一個字。外星人告訴他，將來自會有人出來解答這些字的意思。

北野大僧把字記好之後，兩人又用回日語開始交流。外星人稱北野大僧爲「朋友」。

北野惠寶所抄下的外星文：

「在浩瀚的宇宙當中，有無數像我們這樣的生命體」

「將來會越來越多 UFO 出現。」

「就算有多少枚核彈引爆也好，地球的存在也不會改變。」

「儘管宇宙有着澎湃非常的力量，也吸收不了核爆帶來的影響，你們人類恐怕會破壞地球。」

「地下的資源不是無限的。」

「太陽並不是熱的。太陽會膨脹和收縮，就像呼吸一樣。地球都是活着的，一年呼吸一次。」

「我們的飛碟不擔心被你們的飛行器所追及，因爲我們的飛碟是不需要使用燃料，乘著宇宙磁場飛行。」

「無論德語、法語或英語也好，我們懂得你們地球上任何一種語言。」

「你們是火星人還是木星人?你們是佛還是神，外星人都沒有回答。」

「在太陽系其他的星球都有生命存在，那裏不是你們科學家所想像的惡劣情況。」

「太陽系還有兩個你們地球人不知道的行星存在，沒有十一個便不能自動調整。」

「我們的壽命雖然是無限，但也會死亡。」

「如果你也想長生，就不要把食物煮熟，因爲美食會縮短你的壽命。」

外星人的預言：

1.「朋友，你會在不久的將來被搬上十字車，但生命沒有大礙」，結果北野大僧和政治評論家藤原弘達一次進行演講後，吃飯時哽到魚骨，喉嚨被魚骨弄腫了而召喚了叫救傷車送院，沒有大礙。

2.「朋友啊，你的至好朋友將會離世。」與外星人接觸後兩個月，北野大僧的好朋友離世。

3.「孟加拉總統將會被刺殺。」有孟加拉國父之稱的領袖拉赫曼(Sheikh Mujibur Rahman)與妻子在一九七五年八月十五日被軍人刺殺身亡。

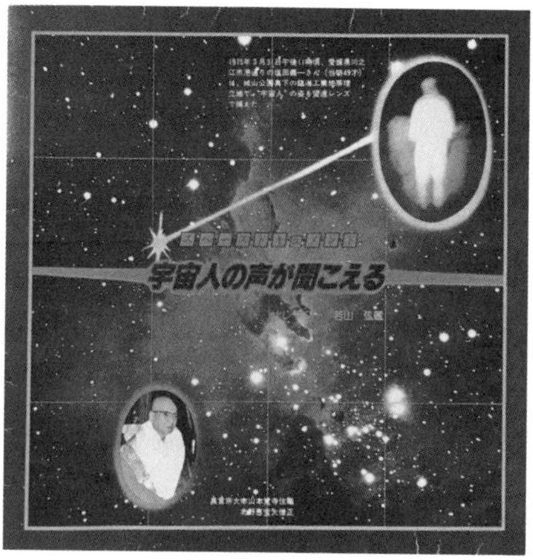

北野惠寶錄下與外星人對話的唱片

據說，北野大僧在以上三件事確實發生前，曾跟身邊的朋友提起，大家都覺得非常驚訝。其實還有其他預言，由於當時尚未發生，所以沒有公佈出來。

外星人也有講到關於地球的預言：

「今後地球的地軸會逐漸傾斜，氣候和環境從而引發巨大變動，令地球版圖發生巨變。當中日本列島會從四國和九州之間（豐後水道）被海水貫穿分成兩半，而且西邊的陸地會升高，東邊的陸地則會下降。到時地球上會有很多生命消逝，但不至於全部滅亡，這個災難不會在近期發生。」

與外星人交談約一個半小時後，外星人便道別，說往後一定會再見。在此以後，外星人又跟北野大僧會見幾次，傳授了「外星語」給他。北野大僧跟朋友說過「外星語」的難度與英語差不多。當被問及共遇見過多少個外星人時，北野大僧只道外星人不許透露，拒絕回答。

在一九七八年一月的某天，北野惠寶因舉行法要，在伊豆待了一個晚上。那夜，那名外星人又再來找他，要他用錄音機把重要的說話錄下來。那段對話曾收錄在唱片，當年只要買某個牌子的冷氣機，就會附送這張唱片，這是題外話。現時，日本的拍賣網站仍可以找到那張唱片。

以下連結就是那段錄音的連結：

https://youtu.be/CATtodIUacU

按北野大僧的表述，他隸屬「眞言宗諸派連合卍教團法王」，是眞言宗金剛院派管長，全日本有信衆約有五、六百萬人，是日本佛教界的權威。

他年輕時的經歷也相當豐富和有趣。他二十歲時留學美國八年，畢業於醫學系，是美國「Doctor Science」會的終生會員。因爲受聘於慶應大學任教授助理而回國，後在日本超能力研究先驅者福來友吉博士鼓勵下，前往西藏修行。

在西藏時，追隨一位年齡約四百歲的大師修行，學會了超能力如心靈感應、天眼通等。在喜馬拉雅山曾遇見外星人，那些外星人告訴他地球人都是壞人，在地球人當中存在有外星人，樣貌跟地球人一樣。

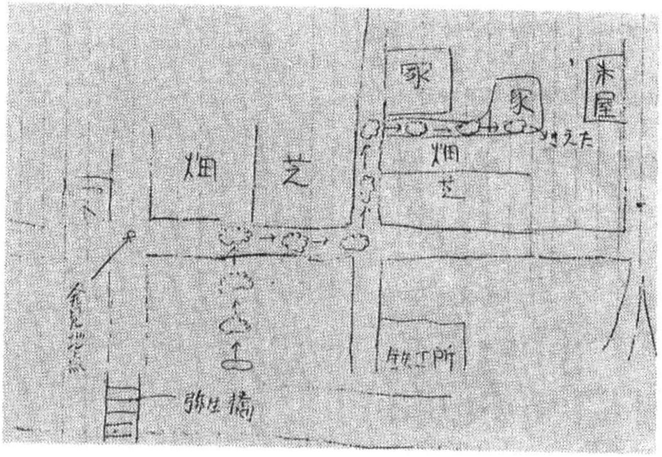

中田手繪地圖，顯示雲狀物體移動的路線。（來自《UFO 和宇宙》1979 年 8 月号）

一九七六年會逃走的奇怪雲狀物體!?

發生時間：一九七六年某日

發生地點：東京都練馬區三原台

事發日早上，小六生中田和弟弟在東京練馬區三原台彌生橋附近玩耍時，看到在田野上五米高的地方有一雲狀物體。隨後那雲狀物體下降至田野上約五十厘米高便停了下來。

出於好奇，中田走近察看，雲狀物體直徑約兩米，有奇幻白光從裏面透出來。正當中田和弟弟商量下一步如何是好之際，那個雲狀物體突然高速逃離。兩人見狀便馬上追趕。那個雲狀物體一直維持在離地五十厘米移動，並懂得沿着道路移動。

那個雲狀物體在十字路口上轉左後，又突然向右直角轉入住宅地。於是兩人又繼續追着它跑入住宅地，但到了第二間住宅門前，那個雲狀物體便突然失去影蹤。儘管後來二人如何努力尋找，都未能在找到其蹤影。

一九七七年琵琶湖大橋上的外星人擄人事件

發生時間：一九七七年一月三日晚
發生地點：滋賀縣琵琶湖

擄人事件發生在日本滋賀縣的琵琶湖。不說不知，琵琶湖不僅是全日本最大的湖泊，更是世界現存最古老的湖泊之一，距今四百四十萬年前已形成。其歷史之悠久，蘊藏著不少神話，其中以白鬚信仰最爲當地人熟悉，而其西北面就座落了具二千年歷史的白鬚神社。

近幾十年來，人們不時在琵琶湖目擊 UFO，所以在日本人眼中，琵琶湖也是一個能量景點(Power Spot)，亦稍稍一提，湖邊的大橋有說是一個自殺勝地。

事發在一九七七年一月三日晚上，當時有四名準備參加賽車比賽的選手，相約在比賽前的晚上外出用膳。他們飯後便駕車返回酒店，至大約晚上十一時三十分左右，駛至琵琶湖大橋收費處不遠的地方時，突然有一道白色強光連人帶車包圍著他們。

不知過了多久，他們相繼恢復意識，發現座駕已停了下來，四人中的U先生下車查看，他正想打開車頭蓋時，手一碰便熱得燙手，於是返回車上查看儀表板，發現汽油標竟降到最低。此時，大家再看看手錶，才驚覺時間已跳至午夜十二時了。大家面面相覷，剛才消失了的三十多分鐘裏，究竟發生了什麼事情呢？

就此過了一段時間後，U先生透過朋友介紹，認識了研究日本UFO的專家矢追純一。聽過U先生描述了整個事件後，矢追先生推薦他向一位回溯催眠師求助，看看能否藉着催眠，追溯那段失去的記憶。

進行回溯催眠時，U先生看到自己身處在一個房間內，並睡在一張床上。其中一道牆是透明的，外面站有四名狗頭人身的外星人，像似站在操作面板前工作。然後，當時同行的友人J先生被一名外星人夾着兩臂，像似被帶去另外一個地方。此時，U先生被兩名外星人按着在床上，雖然他很想反抗，但完全沒有反抗的氣力。而令他最深刻的記憶就是那些狗頭人身的外星人身上，有着一種像似在夏天中抱着狗隻般的氣味。

這次事件是有關外星人事件中，鮮有有關氣味的記述。

一九七七年目擊巨大雪茄型 UFO 的少年

發生時間：一九七七年六月七日
發生地點：北海道札幌市

居住在北海道札幌市的N先生自稱，自一九七五開始目擊到UFO，直到一九七七年目擊的次數開始增多。他接受雜誌《UFO和宇宙》訪問時，講述了以下事件。

一九七七年六月七日下午，N先生留在家裏觀看喜歡的UFO電視節目。就在此時，附近的防風林傳來一些樹木互相碰撞的聲音。由於節目剛好播完，N先生又放不下剛才聽到的古怪聲音，出於便出門往防風林一看究竟。

在好奇心驅使下，N先生快步走到防風林，稍微步進林裏，便看到二十米上的空中停了一艘銀白色的雪茄型UFO。UFO底部的部份地方觸碰到樹頂的樹枝，所以發出樹木互相碰撞的聲響。同一時間，UFO的下方聚集了大約二十至三十名小學生，他們個個都好奇地向上望着停在半空的UFO。

UFO 出現的位置所在
(照片轉載自 UFO 和宇宙 1977 年 12 月號)

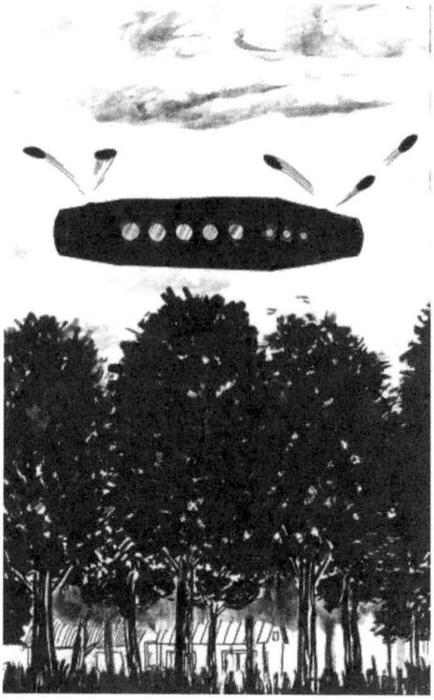

雪茄型 UFO
(圖片轉載自 UFO 和宇宙 1977 年 12 月號)

那艘雪茄型 UFO 外圍有層藍白色的光包裹着，停了半晌，再慢慢向左方轉動。轉動時，N先生留意到 UFO 機身有八個圓形的窗，其中三個相對比較小。當機身轉動到一定角度後，左右兩邊突然飛出數隻小飛碟，小飛碟以極快速度飛走。

雖然N先生已有過目擊 UFO 的經驗，但此情此景還是被得嚇得不輕，不知如何是好。他冷靜下來，決定回家打電話給朋友，喚朋友前來一起在防風林搜索，想要抓着一點點證據。那個年代還沒有手提電話的，待他與朋友回到防風林搜索時，除了發現一些應該是 UFO 觸碰後掉下來的樹枝，就發現不到任何實質有關 UFO 的證據。

此外，N先生在訪問中，沒有交代那班在 UFO 底下圍觀的小朋友，在小飛碟出現時，他們的反應是什麼或是有沒有離開。

一九七八年無線電通訊愛好者與外星人接觸個案

發生時間：一九七八年十月三日
發生地點：埼玉縣狹山市

業餘無線電通信愛好者天野先生，當時二十九歲，與太太一起經營小食店，育有一名兩歲女兒。

十月三日晚上八時三十分左右，天野先生把小食店工作交付太太，帶著兩歲女兒開車上山頂，進行無線電測試。因爲山頂位置能清晰接收訊號，他抵達山頂，馬上調教儀器，準備接收與發送無線電信號。因爲帶着女兒在身邊，天野先生跟他的兄弟及同好，用無線電波交談一會後，決定提早起程回家。

大約九時三十左右，天野先生開始回程，車廂內原本是漆黑一片的，突然變得很光亮，感覺就像白天一樣。他不知道光從哪裏亮起來，調低車窗，探頭出車外尋找光源，但車外只有寂靜的夜色，原來是只有車內光亮。他縮頭回車廂內，看見女兒神情恍惚，口吐白沫。這時，他發現他下腹位置有一個圓形的橙光物體，直徑大約十至十五厘米。那個發光體好像知道被人發現了一樣，緩緩地透過擋風玻璃飄出車外。

天野先生被眼前的景象嚇了一跳，身體亦變得動彈不得。就在這一刻，他感覺到右邊太陽穴被一股冰冷的東西壓着。他望向右邊，看見一個不是地球物種在駕駛座位的旁邊。他清楚看見那怪物的頭部很圓，頸項短得像似沒有一樣，有一對尖耳朵，額頭位置有一個凹陷的三角形，雙眼發出藍白光。怪物正從口中伸出一條頗長、直徑一釐米粗的鐵管。就是那支鐵管壓着天野先生右邊的太陽穴，他同時聽到一些很高的音頻聲響，聲音就似按下錄音帶的快速鍵時發出的聲音一樣。

驚慌無比的天野先生感覺到雙手開始回復知覺，立即嘗試發動汽車引擎，打開車頭燈，但車子完全沒有反應。他再接連不斷嘗試又嘗試，都發動不了引擎。他腦內仍繼續聽到那些高音頻聲音，充斥着外星語言。不知相隔多久，他感到整個身體慢慢鬆開了，可以郁動。在車旁的怪物收回了口中鐵管，慢慢向前方移走，而剛才那個橙光的球體也消失了。

在少於一秒的瞬間，整個環境變得很寂靜，接着汽車的引擎和車頭燈同時自動打著了，收音機亦播出聲響。天野先生看了手錶，時間剛好是九時五十七分，他抓緊機會，立即開車離開，當刻只知道要立刻遠離這個地方。直至駛至山腳，聽女兒說「想要喝水」，他才回過神來。眼見已經駛至較安全距離，他稍作停頓，察看女兒。

回家以後，天野先生把女兒交給妻子照顧，因爲感到十分頭痛，便倒頭大睡。而在回家途中，天野先生經過一輪掙扎，才決定報警。他後來認爲這是一個令他後悔的決定，因爲警察沒有嚴肅看待這件事。而且過了一段時間，還引來了記者登門訪問，並游說他出席晚上專門研究超自然事件的節目，那節目的主持就是大家所熟悉的 UFO 專家矢追純一。

矢追純一安排了天野先生做了一次回溯催眠。在催眠中，天野先生回想起，那個怪物離開時，天上的飛碟放下一束光線把怪物吸了上去，其他的事情就想不起來了。同時，天野先生表示，久不久腦內便會不由自主地接收到一些影像，例如有一次見到很多外星士兵，似在準備一些什麼似的，至於實際上是準備什麼就不得而知了。

天野先生手繪的外星人畫像
（來自《UFO 和宇宙》1979 年 1 月号）

事有湊巧，在天野先生遭遇這件事的前後，巧合地在英國也有類似的事件發生。

在天野事件的前半年，即一九七八年三月十七日的晚上，在英國車打士郡（Cheshire）的 Risley，一名工程師駕車回家，駛至原子能廠附近，看見一個兩米高、銀色人形物體浮在路上，而且可以走下極陡峭的堤壩，更一度面向其座駕，不知哪的光束透進了車內，又直走過三米高圍欄，不久就消失了。

在天野事件的五日後，即十月八日午夜，在英國曼徹斯特（Manchester）的 Lowton，一名男子開車載着已睡了的妻子，車燈映照到一個人形物體站在馬路中的安全島，身穿閃銀色罩衫，全身被一層橙光圍着。他不久後才知道，在同一條路上，有多人目睹發光體，上面是銀色的半球體，下面發橙光。

同一晚在曼徹斯特南部的伯明翰（Birmingham），十一歲男孩被一個十分光亮的淡橙色的發光體弄醒，看見房內有細小的人形物體，眼睛很大。他的媽媽亦因爲感到有人看着她而醒了。

天野先生的遭遇在當年的日本十分轟動，連外國傳媒也有詳盡報道，在七十年代可算是較爲罕見的。

相關連結：

https://www.ufoinsight.com/aliens/encounters/sayama-city-alien-encounter

一九七九年廣告公司社長在家中庭院被吸上 UFO 個案

發生時間：一九七九年十月一日晚

發生地點：香川縣高松市

事發當天晚上，年輕的廣告公司社長高橋先生完成一日工作，在家中一邊喝啤酒，一面看電視。十一時左右，高橋從窗外眺望，感覺天氣特別好，夜色特別迷人，便走出庭園仰望長空。

高橋望着天上佈滿的繁星，發現其中有一顆青藍色的星星正不規則移動，特別引人注意。他全神貫注在那顆星星上，誰知道那顆星朝着他飛來，嚇得措手不及，還來不及作出反應，已被吸進那顆星星內。不知過了多久，高橋發現自己站在庭園的大石塊上。

翌日，尤有餘悸的高橋把這件事告訴他的朋友渡邊先生，而渡邊就找來日本著名 UFO 專家矢追純一幫助。

矢追純一替高橋進行回溯催眠，試圖尋求事件的眞相。在回溯過程中，高橋想起當時看到的並不是星星，而是一艘細長的圓筒形飛船。被吸進飛船後，他看到飛船內部是金黃色的，而且散發着流動的橙光，非常耀目。飛船內部是圓拱形的，其中一面牆壁不斷照出紅白藍黃的光，而且光以高速從右至左流動。

正當高橋回過神來，便發現自己被綁在一台類似手術枱上，四肢都被捆綁得動彈不得。這時床邊來了三個人，他們的外貌奇特，面部是四方形的，眼睛很大而且中間發出紅色光，沒有鼻子。他們的口部像一個大長方形，不過說是長方形，不如說好像戴了口罩更貼切點，因爲口部有數條打橫的黑線，而耳朵好像戴上了很大的外置耳筒一樣。他們穿着的衣服發出銀色光，而且看起來非常柔軟，中間有一條垂直的黑線。

不知過了多久，其中一人用日語對高橋說：「檢查已經完成，你將可自由行動。」高橋感覺剛才被緊綁的四肢已被解開，環顧四周，原來自己身處在一條溪澗旁邊，那條溪澗大約一米闊，淺水。溪澗的對面站有七個剛才見過、外貌奇特的人。

高橋站在另一邊溪澗旁，這邊有三個個子較小的奇怪物種，他們身邊都有一隻像狗一樣的生物。那些像狗的生物走向高橋，但不知爲何走到高橋的腳邊，便四腳朝天倒了下來，動也不動。那些小個子略帶憤怒、用心靈感應跟高橋說：「是你呼出來的空氣把他們毒死。」往後的事情，高橋就無法記起來了。

高橋最後記得的就是發現自己站在家中庭院的大石上。高橋返回到屋內，發現家中的電燈和電視都被關掉，其他就沒有什麼異樣了。

蜂巢型 UFO

一九八一蜂巢型 UFO 目擊個案

發生時間：一九八一年八月十六日的早上
發生地點：埼玉縣入間郡毛呂山町箕和田

務農的關口先生在一九八一年八月十六日的早上，一如以往步行前往自己的稻田，準備要清理雜草。他蹲在地上打磨好鐮刀後，看見稻田的上空，大約八至十米高的地方，出現了一架直徑大約四米的不明飛行物體，就好像是一個倒轉了的碗型蜂巢般。

由於距離非常接近，所以關口先生可以清楚看見，那隻不明飛行物體是啞銀色的，下部外圍交替着發出紅色藍色的光，而中間就呈網狀。它停留在半空中緩慢地順時針旋轉，但就沒有發出半點聲響。

由於關口先生從來沒有看見過類似的物體，開始心生恐懼，心裏面想着如果不明飛行物攻擊過來，便用鐮刀還擊。當他有了這樣的想法時，身體突然不能動彈，連聲音都發不出來。

關口先生的兒子

關口先生表示自己對外星人和 UFO 沒有特別興趣

不知過了多久，關口先生的身體開始恢復過來，半空中的不明飛行物體開始往反方向慢慢上升。就在這時負責派報紙的宇津木先生剛好經過，目擊那個不明飛行物體越過建築物的頂部，向遠方移動。

關口先生看到宇津木先生後，把剛才發生情景一五一十的告訴對方。兩人之後看着不明飛行物體一直上升，這時又有一名剛剛駕車經過的西尾女士，同時目睹不明飛行物體上升的過程。

關口先生回家，又把剛才目擊不明飛行物體事告訴兒子和媳婦。兒子夫婦二人馬上到二樓陽台眺望，果然在遠處看見一個銀色，比直升機速度稍快的物體向櫻山方向移動，大約五到六分鐘後飛入雲層內消失。

關口先生的兒子把此事告訴了他的朋友，所以翌日《讀賣新聞》和《埼玉新聞朝刊》亦有報道此事。

其後，日本著名 UFO 研究者矢追純一採訪了關口先生，並替他進行回溯催眠。關口先生表示自己從來對外星人和 UFO 沒有特別興趣，經歷今次事件之後，雖然又有餘悸，但開始相信超自然事物。

在回溯催眠中，關口先生記起自己曾被帶進飛碟內，內有三名人型生物，約一．二米高，耳朵長得像犬隻，沒有毛髮，顴骨突出有點像骷髏，手像蟹鉗沒有手指，身體呈灰色並隱約發出光芒，之後發生什麼事就怎樣也記不起來。

一九八四年近距離目擊 UFO 的小一女生

發生時間：一九八四年九月一日下午六時
發生地點：香川縣高松市

目擊者是一個名叫西本奈生的六歲小女孩。由於她的媽媽西本有水子是一位資深的 UFO 愛好者，所以在事件發生後，她馬上帶女兒到專門報導有關 UFO 的雜誌社分部報料。

事件發生在當地一個新興住宅區。目擊者西本奈生在空地踏單車，她突然看到空中有一隻發出橙色光芒的亞當斯基型飛碟正逐漸向她接近，直至到她身前二十五米左右停下來。細看之下，飛碟中部有幾個圓形的窗。窗入面站了一位長髮披肩的金髮少年，他向女孩展示了一個相當友善的笑容，而且牙齒潔白。兩人對望了數秒後，金髮少年揮揮左手，飛碟便揚長而去。

以下是雜誌記者和西本奈生的對話內容：

記者：「奈生，你好！」

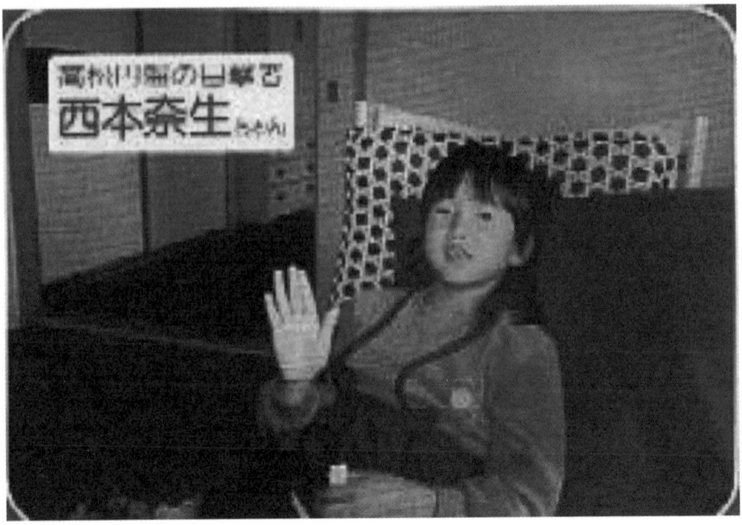

6 歲的西本奈生。

奈生：「午安。」

記者：「我現在開始向你查問看到 UFO 的經過，你輕輕鬆鬆將回憶說出來便可。」

奈生：「好啊！」

記者：「請問你是什麼時候看到 UFO 的？」

奈生：「嗯，九月一日。」

記者：「你記得大約時間嗎？」

奈生：「我記得呀，大概黃昏 6:00 左右。」

記者：「為什麼你那麼清楚記得是下午 6:00 呢？」

奈生：「因為我在屋企前面的空地玩耍時，看到停在一旁的車輛裏面有個時鐘，時針是指着六時的。」

記者：「你當時在做什麼？」

奈生：「我當時和幾個朋友在家前面的空地踏單車、玩耍。」

記者：「有多少個朋友？」

奈生：「六個。」

記者：「就在那時候看到 UFO 嗎？」

奈生：「無錯。」

記者：「你可以將當時情況說得仔細一點嗎？」

奈生：「那天和幾位朋友到空地踏單車遊玩，當踏到稻田那邊時，就看到天空有一隻圓形、很大的發光物體。」

記者：「你的朋友們有看到嗎？」

奈生：「嗯嗯，我沒有爲意他們有沒有看到。」

記者：「你有沒有告訴朋友你看到 UFO？」

奈生：「我沒有告訴他們。」

記者：「之後發生什麼事情？」

奈生：「在空地盡頭的圍欄前面，一直看着那個很大的發光物體。」

記者：「可以再詳細形容一下，那個很大的發光物體的形狀嗎？」

奈生：「它停在屋島（地方名）方向的上半空，是圓形的，有橙色光。」

記者：「關於那個發光的圓形，可以再仔細形容一下嗎？」

奈生：「好像有很多粒發光的小石連在一起。」

記者：「是否像掛在天空中，鑲滿了閃閃發光的小石的首飾一樣？」

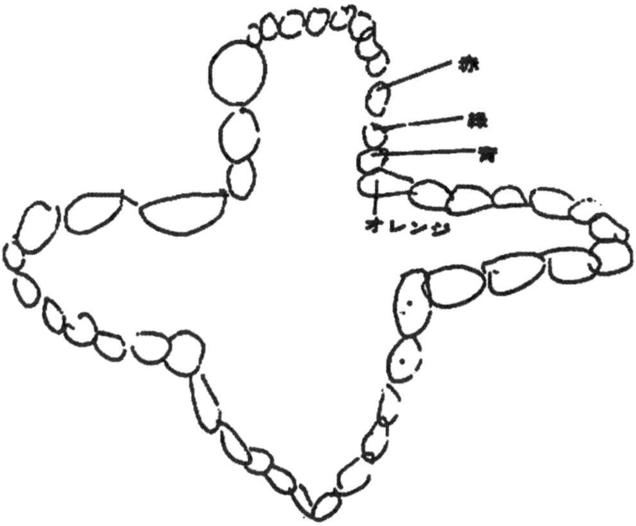

奈生畫出看見的發光體，圍繞了很多小石。

奈生：「嗯，很像的。那個圓形還在不斷旋轉，之後還變了不同的形狀。」

記者：「你記得變成什麼形狀嗎？」

奈生：「記得啊！最初呢，就好像飛機一樣，之後就好似一疊鈔票，打橫放的銀包形狀，最後就變成饅頭形狀，圓圓的。」

記者：「可以麻煩你把那個發光體畫出來，可以嗎？」

奈生：「好啊！」

記者：「畫得好靚啊！多謝你！那些發光小石是什麼顏色呢？」

奈生：「那些小石好似每一粒也是不同顏色的，例如紅色、藍色、黃色、橙色和綠色。」

記者：「那麼多種顏色的光，閃閃生輝真的非常漂亮！」

奈生：「是的，超級漂亮啊！就像霓虹光管般。」

記者：「它會動嗎？」

奈生：「它在不停轉呀轉，同時又會慢慢向上向下移動，圍着它的橙色光亦會慢慢地上下左右移動。」

記者：「之後怎樣呢？」

奈生：「那物體突然飛近我們。」

記者：「那麼它有多大？」

奈生：「好像有一間一層高的房屋大小。」

記者：「你那時有什麼感覺？」

奈生：「只是覺得那個究竟是什麼東西呢？」

記者：「請問那個物體一共逗留了多長時間？」

奈生：「我也不是記得很清楚，因爲它移動得很慢，所以我覺得時間很長，過得很慢。」

記者：「那個物體後來的動靜如何？」

奈生：「那個物體又再慢慢地飛近我們。」

記者：「可以告訴我它是怎樣移動的？」

奈生：「它是左右左右地逐漸移動到我的眼前。」

記者：「有發出聲音嗎？」

奈生：「完全沒有聲音。之後它就來到，浮在稻田上。」

記者：「那個時候禾稻有沒有受影響？」

奈生：「那個物體下方的禾稻都在搖動，但沒有倒下來。」

記者：「那個物體到了稻田的半空之後，怎樣？」

奈生：「它又飛到幼稚園的上方。」(稻田外五十米左右的地方)

記者：「由一開始看見那個物體，直至到了幼稚園上方爲止，

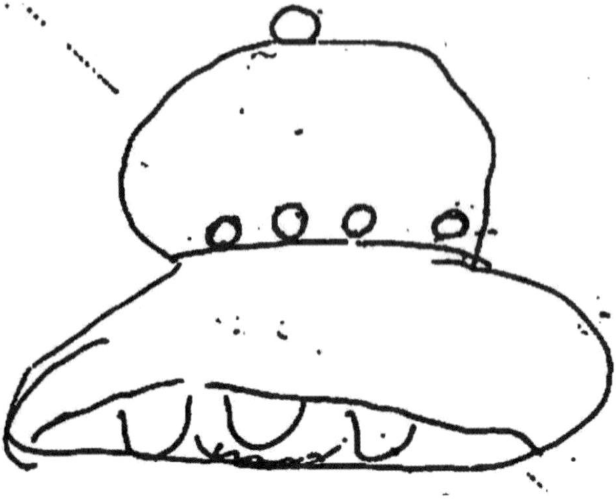

奈生立即拿起筆畫了出來(ＵＦＯ)。

那個物體都是發着橙色的光嗎?」

奈生:「不是喔!最初是橙色的,然後它越飛越低的時候,那個物體的形狀就漸漸變成飛碟般。」

記者:「從哪時候開始,可以清楚看見飛碟的窗戶呢?」

奈生:「當它變成飛碟形狀時。」

記者:「那個物體顏色是怎樣的形式轉變的呢?」

奈生:「一開始的時候是橙色的,來到稻田上邊的時候,就變成一時銀色,一時橙色。去到幼稚園上方的時候,就變成全銀色,而且閃下閃下的。」

記者:「你是一直凝望着的,對嗎?可以說出它有多大嗎?可以用其他物件作比例說明。」

奈生:「看起來就好像六疊至八疊的房子般的大小。」(約十二至十三平方米)

奈生筆下的外星少年。

記者：「可以詳細描述一下 UFO 的形狀嗎？」

奈生立即拿起筆畫了出來(如圖)。

奈生補充說：「飛碟的頂部有一個圓球，中間部份有四個圓形的窗戶，下邊好似一隻反轉了的碟，最下面，有三個半球體的推進器。推進器會發出少許金色的光芒。」

記者：「剛才你說 UFO 的大小有如六疊至八疊的房子般，那是指 UFO 全體面積，對嗎？」

奈生：「不是，那只是飛碟頂部到窗口爲止的地方。」

記者：「那麼窗戶以下的部份豈不是更大嗎？」

奈生：「是的，更大。」

記者：「好，有沒有什麼注意到什麼？」

奈生：「可以從窗戶中看到裏面有人。」

記者：「什麼？裏面有人？是眞的嗎？是怎樣的人？在什麼地方？」

奈生：「是的。我們互相對望了，當他看到我的時候還露出笑容，而且他的牙齒還非常潔白。」

記者：「如果你可以看見他潔白的牙齒，那麼距離應該相當之近。」

奈生：「嗯！」

記者：「那人長得怎樣？例如什麼髮型？」

奈生：「金髮，向後梳，頭髮長到肩膊。」

記者：「樣貌怎樣？膚色怎樣？」

奈生：「圓臉，膚色跟我差不多一樣。」

記者：「五官怎樣？」

奈生：「眼睛又圓又大，鼻子稍爲小一點，嘴巴小得來很可愛，耳朵亦不大。」

記者：「當時他的服裝如何？」

奈生：「只看到上半身，V字領，有灰色點，有光澤。」

記者拿出一本《佐治．亞當斯基與金星人》的書本出來，並用手指指着其中一名「金星人」，問奈生「是否像他？」

奈生：「一點都不像，我看到的那個有點孩子氣。」

記者：「他長得高嗎？男人還是女人？」

奈生：「第一眼看見他時，他的眼神告訴我他是男的。」

記者：「你可以把那人畫出來嗎？」

奈生畫下了外星少年的樣貌。

記者：「我們又返回 UFO 話題吧。之後 UFO 怎樣呢？」

奈生：「它之後繞到幼稚園的後方，但仍然發出光芒，一會之後就消失了。於是我馬上走到幼稚園後面，那裡是能夠看到屋島的稻田附近，果然不出我所料，它浮在稻田上。」

記者：「是同一架嗎？窗戶後有人嗎？」

奈生：「他在呀！而且我們今次都有對望，和之前一樣，他露出潔白的牙齒向我笑，之後他還舉起左手，讓我看到他的手掌。」

記者：「UFO 之後怎樣呢？」

奈生：「UFO 開始自轉，之後就在半空中繞了兩三個圈，就往屋島方向飛走，途中還兩度發出閃光！」

記者：「從一開始看到 UFO 到它離開爲止，歷時多久？」

奈生：「我都不是太清楚，應該是十五分鐘內的事情。」

記者：「今天非常感謝你的分享。」

後記：負責訪問的雜誌記者認爲，從彼此的對答中發現，奈生的表達能力較她實際年齡成熟。事件是發生在八〇年代早期，當時的筆者應該跟奈生的年紀相若，但絕對沒有她那入微的觀察能力和流暢而巨細無遺的表達能力。如果要說是媽媽教唆她、指使她說出這樣的證詞的話，那她就是個說謊天才。

另外，據說奈生有看到他人氣場顏色的能力，亦擁有前世記憶。但筆者認爲那些超能力，跟這個 UFO 目擊事件未必有直接關係，所以不另作敍述。最後，筆者嘗試在互聯網中尋找西本奈生的近況，惜沒有任何發現。

一九八四年水產廳調查船開洋丸遇上UFO事件

發生時間：一九八四年十二月十八日

一九八六年十二月二十一日

發生地點：福克蘭群島附近

威克島

涉及事件的初代開洋丸(Kayiu Maru, 1967-1991)是日本水產廳和東京大學海洋研究所營運的海洋調查船。

第一次事件發生在一九八四年十二月十八日，開洋丸航行至南美大陸南端，大西洋上的福克蘭群島附近。直至深夜時分，開洋丸正往北面航行，就在這時，航海士發現夜空上獵戶座的右邊(即東面)，有一發光體作不規則移動。

那發光體明亮有如二等星般，而且移動行徑極爲奇異，有時向上有時向下，有時又會反方向移動。總而言之，那發光體的移動方向和速度是沒有固定的。

船員於是馬上弄醒熟睡中的農學博士永延幹男，着他一起觀察。最後，那發光體以極快速度飛向東方，並消失得無影無蹤。後來，永延博士收集了衆人的目擊經過，並加以整理記錄下來。

第二次事件發生在兩年後。在一九八六年十二月的一個晚上，這次開洋丸航行至夏威夷和中途島附近西邊的一個叫威克島的地方。到傍晚約六時許，在操縱室值班的佐佐木洋治從雷達中發現，在北面約五公里遠左右，有一艘巨大橢圓形的物體。雖然還沒有日落，但可能距離太遠，即使用望遠鏡觀察亦沒有任何發現。

到晚上十時三十左右，替班的下条正昭、甲板員村塚正信和另一個人，從雷達中偵測到三百米外有一巨大不明物體，而且正逐漸接近船隻，但目測不到。大家開始緊張起來，下条正昭從雷達中發現，不明飛行物體開始繞着開洋丸轉圈。在轉了數圈之後，突然改變角度向開洋丸方向直衝過來，正當快要碰撞時，那不明飛行物體迅即以直角轉彎飛走。

再過了一會，大約十一時十左右，另一名甲板員村塚正信透過雷達得知，有巨大橢圓形的不明飛行物體，正在船後方的數百米位置。他立即通知全體船員，以觀察四周情況，但沒有任何發現。

突然間，雷達又再顯示，該不明飛行物體正以高速接近，跟上次一樣，正當快要碰撞時，那不明飛行物體迅即以直角轉彎飛走。不過，今次不明飛行物體衝得更近，而且高速飛過時，產生了巨大氣流，刮起了一陣狂風和巨響。在巨響之後，還可以看到耀眼的紅色和黃色的發光體在前方，就好像跟船員們示威一樣。

在第二次事件，農學博士永延幹男沒有隨行，他其後向兩次事件的目擊者收集資料，經整理後撰寫文章，並刊載於 1988 年刊登的美國雜誌《SCIENTIFIC AMERICAN》日文版。

事件發生後，日本電視台、電台、報紙、雜誌均大肆報導，新聞一度轟動全國。而本篇文章的時間記述是擇自以下的紀錄片段，或會跟當年的新聞報道所載的時間有出入。

https://youtu.be/0qq6Ty6aqUk

機長寺內謙壽

一九八六年日航珍寶客機在阿拉斯加上空遇見巨大 UFO

發生時間：一九八六年十一月十七日下午五時

發生地點：阿拉斯加上空

出身於航空世家、父親是機師的日本搞笑演員劇團一人（本名順島省吾）曾經在節目中透露事件中那位機長是他的舊隣居，並道出航空業界不成文規定——不可以向上層報告目擊不明飛行物體，否則會被貶做後勤工作。因爲公司認爲這樣的人不適合操控飛機，會危害安全。因此，絕大部份機師或空中服務員，都不會主動向公司提交目擊 UFO 報告。

在事發當日，日本航空貨機一六二八號航班，波音七四七珍寶客機，從法國保祖利前往東京。負責的機長爲寺內謙壽（四十七歲）副機長爲藤隆憲（三十九歲）和航空工程人員佃喜雄（三十三歲）。其中機長寺內曾隸屬於航空自衛隊，有超過一萬小時的飛行經驗。

在阿拉斯加時間下午五時十分，航機在一萬零六百米上空，

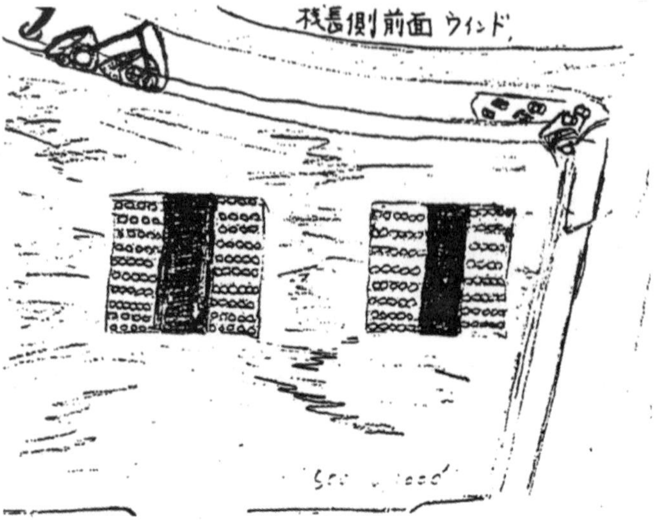

正方體飛行物的示意圖（圖片来自 The Black Vault）

以時速九百一十公里飛至安克雷奇東北面的七百七十公里，北緯六十七度五十六分，西經一百四十一度零分的時候，突然發現左前方約四至五公里遠，六百米以下的地方有兩處航機的燈光。機長於是令副機長和安克雷奇控制塔聯絡，以便確認身份，但控制塔回答指雷達顯示沒有任何飛行物體。

突然之間，有兩個發光的正方體，飛到航班前大約三百米的地方，然後保持與航班同樣的速度飛行。機長認爲那物體有可能是UFO，所以拿出相機打算拍照，但可惜環境太暗不能使用自動對焦模式，也不能手動拍照。

觀察一會後，那兩個正方體又瞬間去到航機上方約三百米左右，由於那物體發出強光，因此看到其表面有無數的排氣口，而物體本身又會高速旋轉，那些排氣口會發出光芒。那些光把整個控制室照亮，猶如在白天一樣，而且還傳來熱力。這情況維持約三至五分鐘左右，兩個正方體便往左前方四十度方向消失得無影無蹤。

正當大家以爲可以鬆一口氣的時候，左前方又出現了兩個藍白色的發光物體，於是機長寺内又再命令副機長和控制塔確認，

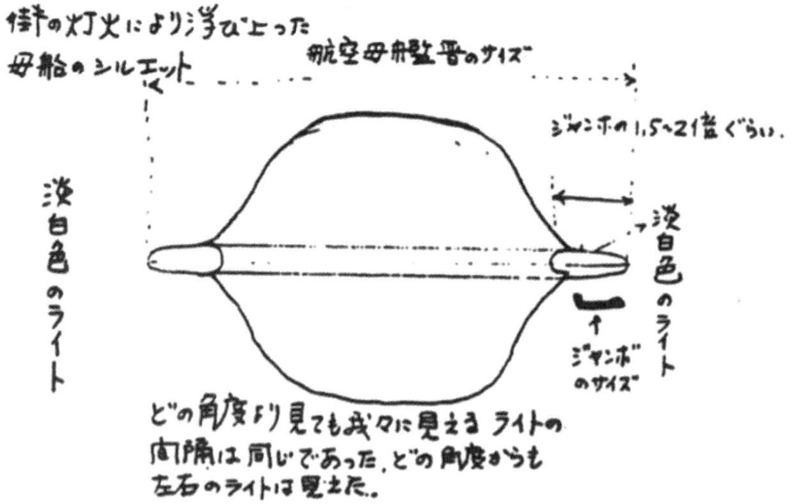

機長看見的巨大UFO示意圖(圖片来自 The Black Vault)

但對方仍是回覆沒有任何異常發現。這個時候航機上的雷達顯示，前方大約七至八海里左右，有一個巨大的物體。

當航機飛至費爾班克斯上空時，天色已暗，在城市的燈光照射下，才看到剛才那兩個藍白色的發光物體，是眼前這巨大 UFO 的一部份，而這巨大的 UFO 估計至少有兩艘航空母艦或二十隻珍寶機的大小。

眼前的景象帶來極大震撼，機長寺內決定再次聯絡控制塔，要求改變飛行路線以避免相撞。控制塔馬上令機長作三百六十度掉頭，並下降一千二百米飛行。但那巨型 UFO 如影隨形地跟着航機。

一直與機長們保持聯絡的控制塔在知道這情況後，主動提出派 F 15 戰機到場增援，但是機長寺內認爲那根本不是人類的製造物，深怕胡亂挑釁，只會帶來更惡劣的後果，因此拒絕了控制塔提出的軍事協助。

此時，一架前往阿拉斯加的聯合航空六十九航班就在附近航行。控制塔曾經查詢他們有沒有看到有不明飛行物體，但都回覆沒有看見。巨大 UFO 持續平行飛了一段時間後便突然消失，而整個被 UFO 跟隨的過程長達五十分鐘之久。航班最終在當地時間六時二十四分降落安克拉治。

降落後，機長寺內被美國聯邦航空總署(Federal Aviation Administration)進行問話及酒精測試，結果爲正常。事後寺內機長將事件詳細發生經過，告訴在共同通訊社工作的朋友知道，一個月後即十二月，日本國內傳媒開始大篇幅報道這事件。

以下節錄了部分報章報道內容，是副機師及工程人員對機長寺內所指的回答。副機長藤隆憲稱「當晚確實目擊發光物體，但就沒有看到是否飛行物體。」航空工程人員佃喜雄則指「當晚什麼都沒有看見。」對於機長寺內指「航機遭到照射後，控制室內也能感受到熱力」這點，他們兩人就指什麼也沒有發生。

之後，美國著名航空雜誌《Aviation Week & Space Technology》的編輯則認爲，當晚機長寺內所看到的兩個發光物體其實是木星和火星。及後寺內機長則被貶到地勤工作數年之久，回歸機師職位後也三緘其口，表示對過去的事不想多談。

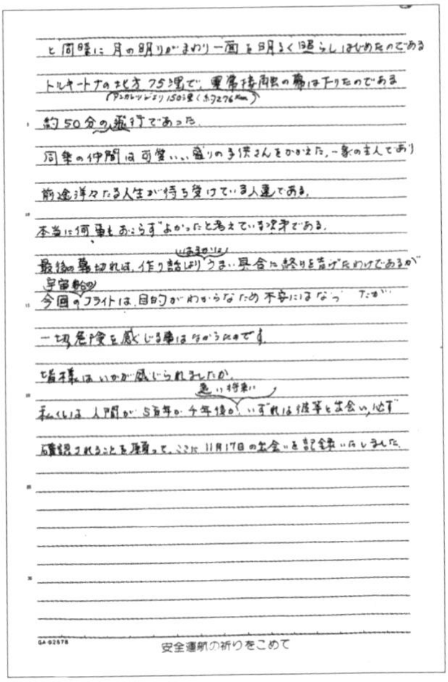
と同時に月の明りがまわり一面を明るく照らしはじめたのである
トルキートナの北方75浬で、異常接触の幕は下りたのである
（アンカレッジより150浬（約276Km））
約50分の飛行であった。
同乗の仲間は可愛いい盛りの子供さんをかかえた、一家の主人であり
前途洋々たる人生が待ち受けている人達である。
本当に何事もおこらずよかったと考えている次第である。
最後の幕切れは、作り話より（あまりにも）うまい具合に終りを告げたわけであるが
今回の（宇宙船の）フライトは、目的がわからないため不安にはなったが
一切危険を感じる事はなかったのです。
皆様はいかが感じられましたか。
私くしは人間が500年か千年後か（近い将来）いずれは彼等と出会い、必ず
確認されることを願って、ここに11月17日の出会いを記録いたしました。

GA-02578 安全運航の祈りをこめて

以下是機長親自塡寫的筆記

直至二〇〇一年五月九日舉行的National Press Club Conference中，前美國聯邦航空局職員John Callahan就爆料指，一九八六年日航珍寶客機所看到的UFO，其實控制塔的雷達也有偵測到，但礙於CIA要求保密，所以當時回覆沒有任何發現，而且當時的書面或錄音證據全被CIA沒收，所以保存下來的證據是少之又少的。

不過，後來有人在美國國立文書記錄館中發現當時資料的副本。當中包括雷達的紀錄，機長寺內的手寫報告書等等。值得注意的是在報告的末段，機長寺內寫著「我們人類再過五百到一千年，必定會親眼確認他們的存在。我把十一月十七日所見到的事情在這裏做一個記錄。」

另外，機長寺內的證供錄音帶，則存放在福島UFO交流館內保存。二十年後已退休的機長寺內接受週刊《新潮》訪問時表示，他不願再多提目擊UFO事件，但強調他只是把親眼目睹的事情說出來而已。

筆求人工作室

神秘學 • 陰謀論 • 靈異系列

訂購及詳盡介紹seekerpublication.com

列宇翔

《異界默示錄 超常傳說解密》

《魔界默示錄 惡魔傳說解密》

《屍變傳說 殭屍 • 喪屍 • 吸血鬼》

煜晴

《催眠師的靈異手記》

卓飛

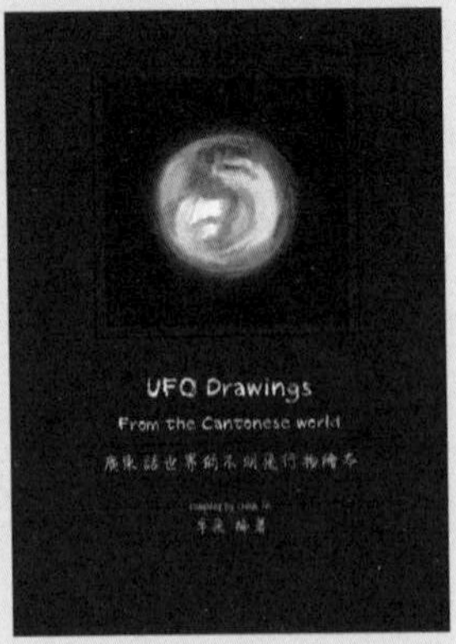

《廣東話世界的不明飛行物繪本》

訂購及詳盡介紹seekerpublication.com

陶貓貓

《鬼域貓瞳　陰陽眼下的靈異世界》

《鬼哭神嚎　陰陽眼下的靈異世界II》

《靈類都市　陰陽眼下的百鬼物語》

《神道 • 貓 日本神道的異色與探秘》

■ 作者簡介

程明暉

經營日本食品和清酒進口貿易，從小喜歡東瀛文化，探究 UFO、神秘學和日本競馬等等。因緣際會認識《神秘之夜》台長梁錦祥，開始參與網台節目，包括清酒神秘學、日本一周時事、日本 AV 文化研究和紫微斗數等等。

神秘的日本UFO事件

目擊者的證言

作者　　：程明暉 Laurence Ching
出版人　：Nathan Wong
編輯　　：尼頓
設計　　：叉燒飯

出版　　：筆求人工作室有限公司 Seeker Publication Ltd.
地址　　：觀塘偉業街189號金寶工業大廈2樓A15室
電郵　　：penseekerhk@gmail.com
網址　　：www.seekerpublication.com

發行　　：泛華發行代理有限公司
地址　　：香港新界將軍澳工業邨駿昌街七號星島新聞集團大廈
查詢　　：gccd@singtaonewscorp.com

國際書號：978-988-75976-9-8
出版日期：2023年7月
定價　　：港幣138元

筆求人
Seeker Publication

PUBLISHED IN HONG KONG